DIE GESCHICHTE DER RUSSISCHEN MILITÄRLUFTFAHRT

1945 bis heute

Victor Schunkow

Motor buch Verlag

IMPRESSUM

Einbandgestaltung: Joachim Schreiber
Titelbild: Vitaly. V. Kuzmin/CC-BY-SA 4.0

Bildnachweis: Die zur Illustration dieses Buches verwendeten Aufnahmen stammen – wenn nichts anderes vermerkt ist – vom Verfasser.

Durchgesehen und bearbeitet von Heiko Thiesler

ISBN: 978-3-613-04573-6

1. Auflage 2023

Sie finden uns im Internet unter www.motorbuch-verlag.de

Lektorat: Redaktion Motorbuch
Innengestaltung: ERWE-WERBUNG Ralf Weinreich, Halle/S.
Druck und Bindung: Graspo CZ, 76302
Printed in Czech Republic

INHALT

ANMERKUNG

Verehrte Leser,
um es vorwegzunehmen, über den Buchtitel wurde in Verlagskreisen ausführlich diskutiert. Nicht nur wegen den geopolitischen Ereignissen der jüngsten Vergangenheit, sondern vor allem auch wegen der Stellung Russlands innerhalb der ehemaligen Sowjetunion. Warum russische und nicht sowjetisch-russische Militärluftfahrt 1945 bis heute? Zu Sowjetzeiten war Russland das Kernland, hier befanden sich der Großteil der Industriebetriebe, außerdem die führenden Forschungsinstitute, Konstruktionsbüros und Testeinrichtungen, wichtige militärische Anlagen und Kommandostrukturen samt den Luftstreitkräften. Gleichfalls war hier die Infrastruktur einschließlich dem Verkehrs- und Fernmeldewesen am besten ausgebaut und erschlossen. Andererseits gab es eine gewisse Dezentralisierung. Das Konstruktionsbüro Antonow im ukrainischen Kiew dürfte wohl das herausragendste Beispiel sein und war innerhalb der sowjetischen Luftfahrtindustrie für Transportflugzeuge aller Größen zuständig. Auch Triebwerke wurden auf ukrainischem Boden konzipiert und hergestellt, andere Flugzeughersteller befanden sich in Georgien oder in Usbekistan. Instandsetzungsbetriebe in der Ukraine oder auch in Belarus leisteten wichtige Arbeiten an verschiedenen Typen von Militärmaschinen und bereiteten diese für einen weiteren Einsatz bei den Streitkräften vor, aus der Ölverarbeitenden Industrie Aserbaidschans stammten wichtige Treib- und Schmierstoffe, in Kasachstan befanden sich verschiedene Testzentren für Militärtechnik und viele andere Betriebe waren als Zulieferer für die sowjetische Luftfahrt tätig. Nicht zuletzt kamen zahlreiche Konstrukteure, Wissenschaftler, Testpiloten und verdiente Militärflieger aus allen Sowjetrepubliken und trugen zur Leistungsfähigkeit des sowjetischen Flugzeugbaus und ebenso zur internationalen Beachtung ihrer Erzeugnisse bei. Ohne den Anteil der anderen Sowjetrepubliken schmälern zu wollen, liegt der Fokus aber auf Russland und ermöglicht damit auch einen leichteren Übergang sowie ein besseres Verständnis zu den Verhältnissen nach der Auflösung des östlichen Riesenreiches im Jahr 1991. Im Einklang mit den nachfolgenden, zweifellos zahlreichen Änderungen, Umstrukturierungen, den Schließungen und Neugründungen, führte Russland im Luft- und Raumfahrtsektor das Erbe der Sowjetunion fort. Das gilt trotz mehrerer Reformen auch für die Militärluftfahrt des Landes, die Thema dieses Buches ist. Gestatten Sie uns einen Überblick, dessen Mittelpunkt nun mal die russische Militärluftfahrt darstellt und stellvertretend für die Errungenschaften der vormals sowjetischen steht. Nicht berücksichtigt werden konnten die im Zusammenhang mit dem Ukraine-Krieg stehenden Ereignisse, ebenso neueste Strukturänderungen, Beschlüsse oder Anschaffungen innerhalb der russischen Luftstreitkräfte.

Foto: Ralf Weinreich

VORWORT

Die Sowjetunion war die einzige Großmacht, die am Ende des Zweiten Weltkriegs noch kein eigenes Flugzeug mit Strahlantrieb hatte. Die grundsätzlich stark aufgestellten taktischen Fliegerkräfte, hier üblicherweise Frontflieger genannt, waren mit von Kolbenmotoren angetriebenen Flugzeugen bewaffnet, die am Ende des Krieges vor allem in Geschwindigkeit und Ausrüstung den deutschen Düsenflugzeugen und den Typen der Alliierten deutlich unterlegen waren.

Aufgrund der bereits aufkommenden Konfrontation zwischen der UdSSR und dem Westen drohte eine Wiederholung der Tragödie von 1941, als die Luftwaffe der Roten Armee viele Flugzeuge veralteter Konstruktion besaß, aber keinen wirksamen Schutz sowie Angriffsmöglichkeiten im direkten Kampf gegen die fortschrittlicheren deutschen Flugzeugtypen bieten konnte. Das Buch beleuchtet im Folgenden, wie die sowjetische Luftfahrtindustrie in den späten 1940er Jahren dank der Verwendung von erbeuteten deutschen und in Großbritannien gekauften Strahltriebwerken in kürzester Zeit eine echte Revolution vollziehen konnte. Schon bald konnten die Versäumnisse der Sowjetunion in der Düsentechnologie überwunden und in den folgenden Jahren der Anschluss an die weltweit führenden Produzenten von Luftfahrtausrüstung erreicht werden.

Suchoi Su-30SM. Foto: Irkut

TEIL 1
DURCHBRUCH INS JETZEITALTER

Im letzten Jahr des Zweiten Weltkrieges, am 19. Februar 1945 flogen Major Iwan N. Koshedub und sein Partner Dmitri S. Titorenko mit ihren kolbenmotorgetriebenen La-7 Patrouille über der Oder und suchten in freier Jagd nach möglichen Gegnern. Plötzlich, in 3500 m Höhe, tauchte aus Richtung Frankfurt ein Flugzeug auf. Es hatte keine Propeller und war offensichtlich sehr schnell. Tatsächlich handelte es sich um ein deutsches Düsenflugzeug, über das seit Wochen im „Soldatenradio" zu hören war. Koshedub berichtete: „Ich schaue mich eilig um, gebe dem Motor Vollgas und jage den Feind. Der Pilot sieht offensichtlich nicht nach hinten und verlässt sich auf seine hohe Geschwindigkeit. Ich versuche alles aus meinem Flugzeug herauszuholen, den Abstand zum Gegner zu verkürzen und nähere mich ihm von unten. Ich möchte es im Detail betrachten, wenn möglich das Feuer eröffnen und abschießen. Titorenko ist nicht weit dahinter. Ich mahne ihn zur Vorsicht – Dima, nimm dir Zeit! Ich komme von der Seite und steige in fünfhundert Meter Entfernung höher, mit schnellen Manövern komme ich dem Feind näher. Doch was ist das? Ich sehe Geschossspuren am Himmel, schnell ist mein Partner als Urheber ausgemacht. Er hat es doch eilig, ich schimpfe in Gedanken gnadenlos mit ihm und sehe meinen Plan unwiderruflich gefährdet.

Flugzeugkonstrukteur Wiktor Fjodorowitsch Bolchowitinow (1899-1970)

Doch er spielt mir unerwartet in die Hände, denn das deutsche Flugzeug beginnt nach links auszuscheren. Schnell verringert sich die Entfernung zwischen ihm und mir, ich eröffne das Feuer und der Gegner fällt vom Himmel."

Später stellte sich heraus, dass Iwan Koshedub einen zweistrahligen Jäger vom Typ Messerschmitt Me 262 abgeschossen hat. Mitte März wurde eine baugleiche Maschine von Oberleutnant G.A. Merkwiladse abgeschossen, der eine Jak-9 flog. In den letzten Kriegstagen folgten Leutnant L.I. Siwko, Kapitän W.A. Jegorowitsch, Oberleutnant I.A. Kusnetzow mit weiteren Abschüssen von Me 262 und schließlich noch Kapitän A.W. Woroschejkin, der mit seinen Bordkanonen einen zweistrahligen Bomber Arado Ar 234 in der Luft treffen konnte. Diese zweifellos beeindruckenden Luftsiege hatten für die sowjetische Führung aber einen bitteren Beigeschmack. Sie bezeugten, dass gleich mehrere Typen mit Strahlantrieb in Deutschland in die Serienproduktion überführt und von regulären Einheiten geflogen wurden. Mit ihren Geschwindigkeiten übertrafen sie alle Flugzeuge, die sich im Dienst der Roten Armee befanden. Hinzu kam die Tatsache, dass auch die Alliierten und möglichen potenziellen Gegner über strahlgetriebene Flugzeuge verfügten. In Großbritannien war es die Gloster Meteor und in den USA die Bell P-59 Aircomet.

Es war eine Situation entstanden, die an die Ereignisse im spanischen Bürgerkrieg erinnerte. Jagdflugzeuge sowjetischer Bauart namentlich I-16 und I-153, die ursprünglich zu den besten Einsatzmustern zählten, erwiesen sich in Gefechten mit den neuesten deutschen Messerschmitts als wenig brauchbar. Später wurde die Krise der sowjetischen Luftwaffe mit Sabotage, ausgeführt von „alten Spezialisten", erklärt. Mitte der 1940er Jahre arbeiteten die überlebenden „alten Spezialisten" als Häftlinge in geschlossenen Konstruktionsbüros und führten resigniert die von „oben" übertragenden Aufgaben aus. Doch die Entwicklung von Strahltriebwerken und dazugehörigen Flugzeugen war in den Plänen der Volkskommissare für Verteidigung und Luftfahrt seinerzeit nicht vorgesehen.

In diesem Zusammenhang sei an das Schreiben des Leiters des vormaligen Gasdynamischen Laboratoriums (GDL, ab 1934 Bestandteil des Wissenschaftlichen Instituts zur Erforschung des Rückstoßes, RNII) Iwan T. Kleimenow vom 27. Oktober 1935 an das Zentralkomitees der KPdSU erinnert. In dem an Stalin gerichteten Schreiben stellt er fest, dass die Grenzen der Luftfahrt in den Bereichen Höhe und Geschwindigkeit mit den herkömmlichen Antriebsmethoden fast ausgeschöpft und eine weitere Leistungssteigerung nur mit dem Einsatz von Strahltriebwerken möglich sind. Entsprechende Antriebe werden in seinem Institut entwickelt, doch behindern eine Reihe von Umständen die erfolgreiche Umsetzung:

„1. Für den Betrieb des Instituts werden jährlich nur 1,5 Millionen Rubel bereitgestellt.
2. Die Ausrüstung des Instituts ist unzureichend für die Forschungsprogramme, selbst die Anschaffungen für das kleinste davon.
3. Ausgewählte thematische Arbeiten werden nicht genügend unterstützt.
4. Es gibt nicht genügend Personal und selbst das vorhandene ist nicht ausreichend versorgt.
5. Die Bereitstellung von Autos ist unzureichend.

In dieser Situation ist eine zügige Lösung des Antriebsproblems äußerst schwierig. Angesichts seiner enormen Bedeutung, insbesondere für die Verteidigung des Landes, bitte ich um Ihre Anweisungen zur Schaffung der notwendigen Bedingungen für eine effektive Arbeit im Institut".

Damals blieben diese klagenden Worte ungehört, aber während der „großen Säuberung" von 1937-1938 kamen die Erinnerungen. Genossen aus dem NKWD, dem Volkskommissariat für Innere Angelegenheiten, meinten, das Institut sei unter aktiver Beteiligung des „Volksverräters" Marschall M.N. Tuchatschewski gegründet worden. Kleimenow und der Chefingenieur G. E. Langemak wurden als Komplizen gebrandmarkt und hingerichtet. Weitere führende Spezialisten des Instituts, darunter der Triebwerkskonstrukteur Walentin P. Gluschko oder der spätere Chefentwickler sowjetischer Trägerraketen Sergej P. Koroljow, wurden festgenommen und zu langjährigen Haftstrafen verurteilt. Unter diesen Umständen grenzt es an ein Wunder, dass der vom Institut entworfene Raketenwerfer BM-13 Katjuscha auf ein akzeptables Maß an Zuverlässigkeit und in die Massenfertigung gebracht werden konnte. Auch standen die NKWD-Gremien einigen Konstrukteuren von Strahltriebwerken, die außerhalb des Instituts tätig waren, anklagend gegenüber. Zweimal wurde Professor Boris S. Stechkin verhaftet, der bereits 1929 in der Zeitschrift „Die Technik der Luftflotte" Artikel zur „Theorie des Strahltriebwerks" veröffentlichte und an dieser Stelle erstmals die Grundlagen dieser Technologie formulierte. Ingenieur Archip M. Ljulka, der 1939-1941 das konstruktive Schema eines Zweistrom-Turbinen-Luftstrahltriebwerks (ZTL, heute mehrheitlich als Mantelstromtriebwerk oder Turbofan bezeichnet) entwickelte und patentieren ließ, wurde nicht verhaftet, allerdings 1941 zur Arbeit in ein Panzerwerk in Tscheljabinsk „delegiert". Hier sollte er sich mit Panzermotoren „nützlicheren" Aufgaben widmen.

Die Liste der sowjetischen Entwickler von Strahltriebwerken, die von den Behörden keine Unterstützung fanden, ließe sich fortsetzen. Eine Ausnahme sei aber erwähnt. Praktisch am Vorabend des Großen Vaterländischen Krieges schickte Wiktor F. Bolchowitinow am 9. Juni 1941 einen Antrag an das Volkskommissariat der Luftfahrtindustrie, um sich den Bau eines Abfangjägers mit einem Raketentriebwerk D-1A-1100 als Antrieb genehmigen zu lassen. Dieses Triebwerk wurde innerhalb des RNII von den Ingenieuren Leonid S. Duschkin und Wladimir A. Schtokolow entwickelt. Die wiederum für die Konstruktion des Flugzeugs verantwortlichen Ingenieure Alexander J. Beresnjak und Alexej M. Issajew hatten errechnet, dass mit diesem Triebwerk Geschwindigkeiten von 800 km/h und mehr erreichbar waren. Somit stimmte die Führung des Volkskommissariats dem Antrag zu und ordnete Ende Juli 1941 den Bau eines Versuchsmusters an. Statt der dafür eingeplanten drei Monate Bauzeit wurden aufgrund des deutschen Angriffs auf die Sowjetunion nur 35 Tage zugestanden. Unter Leitung von Bolchowitinow gelang es letztlich in 45 Tagen, das Flugzeug fertig zu stellen. Da das Triebwerk noch nicht verfügbar war, entstand zunächst eine antriebslose Version, die im Gleitflug aerodynamischen Forschungen am Flugzeug dienen sollte. Die im September aufgenommenen Gleitflüge wurden schon im nächsten Monat unterbrochen, denn mit dem Vorrücken der deutschen Truppen wurde das gesamte Konstruktionsbüro hinter den Ural verlegt und in Sicherheit gebracht. Der dreiminütige Erstflug mit Raketenantrieb fand dann am 15. Mai 1942 statt, als Testpilot fungierte Grigori J. Bachtschiwandschi. Der bescheinigte dem Flugzeug eine einfache Kontrolle und eine gute Sicht nach vorn, im Flug wurde ferner eine Geschwindigkeit von 400 km/h sowie eine Steigrate von 23 m/s erreicht.

Das Flugzeug erhielt die Bezeichnung BI, angelehnt an die beiden Konstrukteure Beresnjak und Issajew.

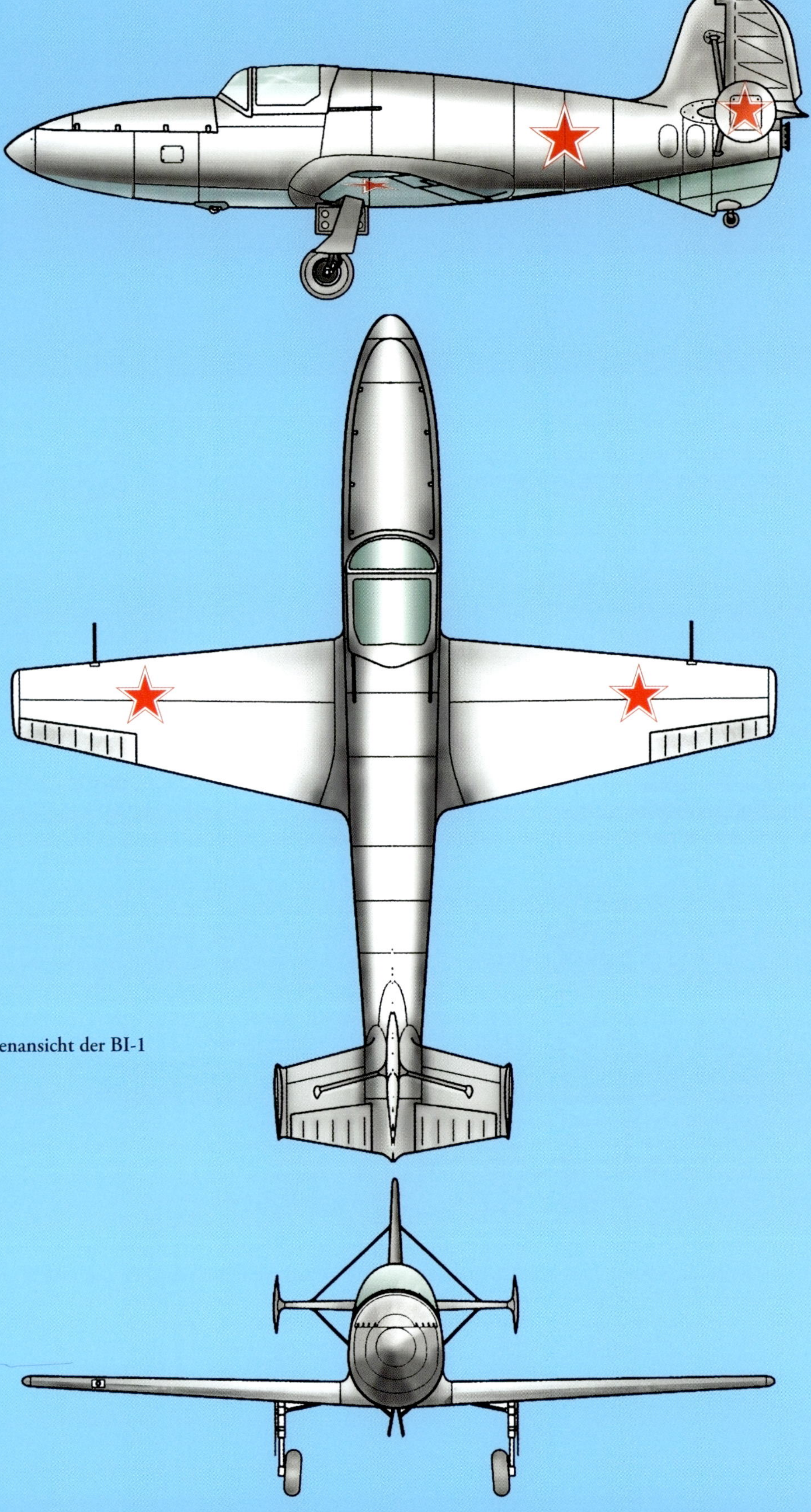

Dreiseitenansicht der BI-1

Bolchowitinow BI

Die BI-1 in der Seitenansicht.

Bei der BI handelte sich um einen einsitzigen, freitragenden Tiefdecker und in Holzbauweise hergestellt sowie mit einem einziehbaren Fahrwerk versehen, dessen Räder bei schneebedecktem Boden durch Kufen ersetzt werden konnten. Die mehrholmige Tragfläche und das Leitwerk erhielten eine Sperrholzummantelung, die Seiten- und Querruder waren wie der Rumpf mit Stoff bespannt. Das Flüssigkeits-Raketentriebwerk D1-A-1100 mit rund 10 kN Schub wurde in den hinteren Rumpfabschnitt eingebaut, der Treibstoff wurde aus hinter dem Cockpit befindlichen Zylindern zugeführt. Als Treibstoff diente Kerosin mit Salpetersäure als Oxidationsmittel, ein sehr aggressives Gemisch. Innerhalb einer Sekunde wurden davon sechs Kilogramm verbraucht, womit die Treibstoffkapazität in etwa zwei Minuten erschöpft war. Danach erfolgten der Abstieg und die Landung im antriebslosen Gleitflug.

Statt Rädern konnte die BI-1 mit einem Skifahrwerk ausgestattet und damit auch von vereisten oder verschneiten Pisten aus eingesetzt werden.

Der Erstflug der BI erfolgte mit zwei eingebauten 20-mm-SchWAK-Kanonen als favorisierte Standardbewaffnung, es war der erste raketengetriebene Jäger der Sowjetunion. Bis Ende März 1943 wurden sechs erfolgreiche Flüge absolviert, bei denen eine Geschwindigkeit von 675 km/h sowie eine Steigleistung von 82 m/s erreicht werden konnte. Der siebente Flug des dritten Prototyps, der am 27. März stattfand, endete in einer Katastrophe und riss den Testpiloten Bachtschiwandschi in den Tod. Nachdem das Raketentriebwerk aufgehört hatte zu arbeiten, neigte sich das Flugzeug bei einer Geschwindigkeit von 750-800 km/h mit der Nase nach unten, ging in einen steilen Sturzflug über und schlug auf der Erde auf. Als Hauptursache machte das ZAGI später die zuvor unbekannten Merkmale des Umströmens eines geraden Trag- und Leitwerks bei hohen Geschwindigkeiten aus, zuzüglich der Eigenschaft, bei hohen Geschwindigkeiten unkontrolliert die Nase zu senken. Nun sind Unfälle bei der Erprobung neuer Flugzeugtypen keine Seltenheit und nachfolgende Untersuchungen führen meistens zu Verbesserungen am Design. Bei der BI war es anders. Der Krieg tobte, die Bedürfnisse an der Front sahen anders aus, Verluste mussten ausgeglichen werden und so schwand das Interesse an dem neuartigen Flugzeug. Ein halbes Dutzend Versuchsmaschinen folgten der ersten und setzten die Erprobung bis Anfang 1945 eher im „akademischen" Modus fort. Diese wie weitere in Auftrag gegebene und im Bau befindliche Exemplare wurden im selben Jahr abgewrackt.

Im Heck der BI-1 befand sich das Einkammer-Raketentriebwerk D-1A-1100 mit knapp 10 kN Schubkraft.

Das Militär sah den wesentlichen Nachteil der BI in der kurzen Brenndauer des Triebwerks und einer

Diese BI-1 havarierte während der Landung.

damit verbundenen begrenzten Reichweite. Die konzentrierte Salpetersäure als Oxydator des Antriebsmittels erwies sich zudem als sehr zerstörerisch auf die Strukturelemente des Flugzeugs.

Die Fragen der Nachkriegsentwicklung der sowjetischen Luftfahrt wurden im Februar 1946 behandelt, als das oberste Verwaltungsorgan der UdSSR, das Politbüro des Zentralkomitees der Kommunistischen Partei tagte. Hier erhielt die landeseigene Luftfahrtindustrie die Aufgabe, Kampfflugzeuge mit einer Geschwindigkeit von 850-950 km/h, Bomber mit einer Geschwindigkeit von 800 km/h sowie Versuchsflugzeuge mit Überschallfähigkeit zu schaffen und alsbald in die Serienproduktion zu überführen. Für eine schnelle Umsetzung dieser anspruchsvollen Pläne wurde zudem beschlossen, wissenschaftlich-technische Errungenschaften aus dem besiegten Deutschland zu nutzen. Die Arbeiten nahmen schon bald Fahrt auf:

Die Junkers-Werke aus Dessau und Bernberg mit zusammen 1000 deutschen und österreichischen Luftfahrtspezialisten wurden fast vollständig ins Städtchen Uprawlentscheski nahe Kuibyschew (seit 1990 Samara) und dem Werk Nr. 2 des Ministeriums für Luftfahrtindustrie (MAP) gebracht. Unter der Leitung von Nikolai D. Kusnetzow organisierten deutsche Spezialisten während des Winters 1946/47 die Produktion einer Kopie des Junkers-Strahltriebwerks Jumo 004 als RD-10.

Im Werk Nr. 16 in Kasan wurden deutsche Strahltriebwerke des Typs BMW 003A und BMW 003C hergestellt und mit RD-20 und RD-21 bezeichnet.

Darüber hinaus wurden aus den Beständen vorheriger deutscher Flugzeugwerke drei neue Betriebe zur Fertigung von Triebwerken aufgestellt. Es handelte sich um die Werke Nr. 36 in Rybinsk, Nr. 478 in Saporoschje (heute Saporischschja) und Nr. 466 in Leningrad (heute St. Petersburg). Die deportierten Fachleute aus Deutschland setzten vielfach auch die Arbeiten fort, die mit dem Ende des Zweiten Weltkrieges abgebrochen wurden und nicht mehr in

den Serienbau gelangten. Das betraf unterschiedliche Konzepte von Kolbenmotoren und Strahltriebwerken, etwa im OKB-1 unter Dr. Alfred Scheibe oder im OKB-2 unter Dr. K. Prestel, wo man Aggregate von Junkers und BMW weiterentwickelte. Ein wichtiges Erzeugnis stellte eine Propellerturbine (auch Turboprop genannt) von Junkers dar, deren Entwicklung als Jumo 022 begonnen und nun forciert wurde. Unter der Leitung von Kusnetzow übernahm der Österreicher Ferdinand Brandner wesentliche Konstruktionsarbeiten und brachte das nunmehr TW-2 oder auch NK-2 genannte Aggregat ab 1950 auf dem Prüfstand zum Laufen. Nicht sehr angetan war Brandner von der Koppelung zwei solcher Triebwerke mit einem Getriebe, die dann in dieser Form den strategischen Bomber Tu-95 antreiben sollten. Tatsächlich fand die Einrüstung als 2TW-2F in den Tu-95-Prototyp statt, was jedoch im Mai 1953 während eines Testflugs in einer Katastrophe endete. Bereits ab 1951 genehmigte man die parallele Entwicklung eines Einzeltriebwerks, dass mindestens genauso viel wie das 2TW-2F leistete und später sowohl den zweiten Prototyp als auch die Serienversionen der Tu-95 antrieben. Anfangs TW-12, später NK-12 genannt, entstand das bis heute stärkste, im Einsatz befindliche Turboproptriebwerk und leistete später sagenhafte 15.000 PS (11.185 kW). Es war zugleich das letzte bedeutende Erzeugnis deutscher Spezialisten in der UdSSR, die schließlich nach getaner Arbeit zum Jahresende 1953 heimkehren konnten.

Vergleichbar mit Problemen der sowjetischen Luftfahrt in den späten 1930er Jahren wurde die Entwicklung neuer Flugzeuge nach dem Zweiten Weltkrieg gleich mehreren Konstruktionsbüros anvertraut. Dazu zählten die OKBs Jakowlew, Lawotschkin und von Mikojan und Gurewitsch, letzteres besser bekannt unter dem Kürzel MiG. Gleichzeitig wurde das Konstruktionsbüro von Pawel O. Suchoi beauftragt, das Design der deutschen Messerschmitt Me 262 an die seinerzeit technologischen Möglichkeiten der sowjetischen Luftfahrtindustrie anzupassen und bei Bedarf in Serie zu produzieren. An dieser Stelle sei darauf hingewiesen, dass die sowjetischen Flugzeugkonstrukteure gegen das Kopieren der Me 262 waren. Auf Stalins persönliche Nachfrage etwa antwortete Alexander Jakowlew: „Ich kenne die Me 262, bin aber gegen eine Serienfertigung. Sie ist zu kompliziert in der Steuerung und zu instabil im Flug. Einige der Flugzeuge sind in Deutschland abgestürzt. Sollten unsere Verbände damit ausgerüstet werden, würde sich unserer Piloten eine allgemeine Abneigung gegen Düsenmaschinen bemächtigen. In eigener Erfahrung würden sie bald herausfinden, dass die Me 262 ein gefährliches Flugzeug ist, das dazu noch über schlechte Start- und Landeeigenschaften verfügt. Das Kopieren der Messerschmitt

Jagdflugzeug Bolchowitinow (Beresnjak-Issajew) BI-1

Flugzeugkonstrukteur Pawel Ossipowitsch Suchoi (1895-1975)

werde alle Ressourcen für diese Maschine mobilisieren und der Arbeit zur Schaffung eigener strahlgetriebener Flugzeuge großen Schaden zufügen."

Niemand hatte Einwände gegen die Argumente von Jakowlew, aber Stalin wollte kein Risiko eingehen. Daher folgte die Anweisung des Volkskommissariats der Luftfahrtindustrie NKAP, bis Oktober 1945 im Konstruktionsbüro Suchoi ein Jagdflugzeug mit zwei Jumo-004-Triebwerken, praktisch vom gleichen Typ wie die deutsche Me 262 sie nutzte, zu entwickeln.

Bis zum 1. Januar 1946 wurden alle Zeichnungen für den Bau eines Musterflugzeugs an das Herstellerwerk übergeben. Der Entwurf wurde am 7. Februar 1946 genehmigt und das Flugzeug in den Plan zum Bau von Versuchsflugzeugen für den Zeitraum von 1946-1947 aufgenommen. Ein Regierungsbeschluss forderte vom OKB Suchoi die Herstellung eines einsitzigen Frontjagdflugzeugs mit zwei Jumo 004-Triebwerken und mit folgenden Parametern:

- Höchstgeschwindigkeit am Boden - 850 km/h;
- Höchstgeschwindigkeit in einer Höhe von 3000 m - 880 km/h;
- Reichweite bei Höchstgeschwindigkeit - 880 km;
- Eine Flugdauer von 60 Minuten bei Höchstgeschwindigkeit;
- Reichweite bei einer Geschwindigkeit von 0,8 Mach - 1000 km;
- Eine Flugdauer von 85,5 Minuten bei 0,8 Mach;
- Aufstiegszeit auf 5000 m - 5,7 min;
- Praktische Gipfelhöhe - 12.500 m;
- Bewaffnung: 1 Kanone Kaliber 37 mm, 2 Kanonen Kaliber 23 mm.

Vom vorerst „Projekt K" genannten Flugzeug sollten zwei Exemplare gebaut werden und das erste Exemplar zum 1. November 1946 für die Flugerprobung bereitstehen.

In vielen Belangen war die Su-9 der deutschen Messerschmitt 262 sehr ähnlich und diente praktisch als Rückversicherung zu den neuen, in der Sowjetunion gebauten strahlgetriebenen Jägern.

Suchoi Su-9 („K“)

Mit Baubeginn erhielt das projektierte Flugzeug offiziell den (erstmals vergebenen) Typennamen Su-9, die Montage des ersten Prototyps war am 18. September 1946 abgeschlossen. Am 13. November konnte Testpilot G. Schijanow den Erstflug durchführen.

Trotz einer gewissen Ähnlichkeit mit der Me 262 unterschied sich das Design der Su-9 in vieler Hinsicht. Der neu gestaltete, in Halbschalenbauweise ausgeführte Rumpf hatte keinen dreieckigen, sondern einen ovalen Querschnitt mit besseren aerodynamischen Eigenschaften. Im Rumpfbug wurden die Bordkanonen platziert und es wurde Raum zur Unterbringung des Bugfahrwerks geschaffen. Auch die Räder der Hauptfahrwerksstreben zogen in den Rumpf ein. Gummierte Kraftstoffbehälter befanden sich vor und hinter dem Cockpit, das zum Schutz des Piloten vorn und hinten mit Panzerplatten versehen war. Die Cockpithaube selbst bestand aus Panzerglas. Das aus Ganzmetall gefertigte Tragwerk war doppelholmig und hatte einen trapezähnlichen Grundriss. An der Hinterkante gab es Landeklappen und Querruder, oben und unten spreizbare Bremsklappen. Zur Verkürzung der Landestrecke rüstete Suchoi das Flugzeug zusätzlich mit einem im Heck verstauten Bremsschirm aus. Das ebenfalls

Im Rumpfbug war die aus drei Kanonen bestehende Bewaffnung untergebracht, den Antrieb übernahmen zwei RD-10 genannte Triebwerke des deutschen Typs Jumo 004.

Die Aufnahme dokumentiert die Erprobung der Su-9 als Jagdbomber mit einer Sprengbombe unter dem Rumpf.

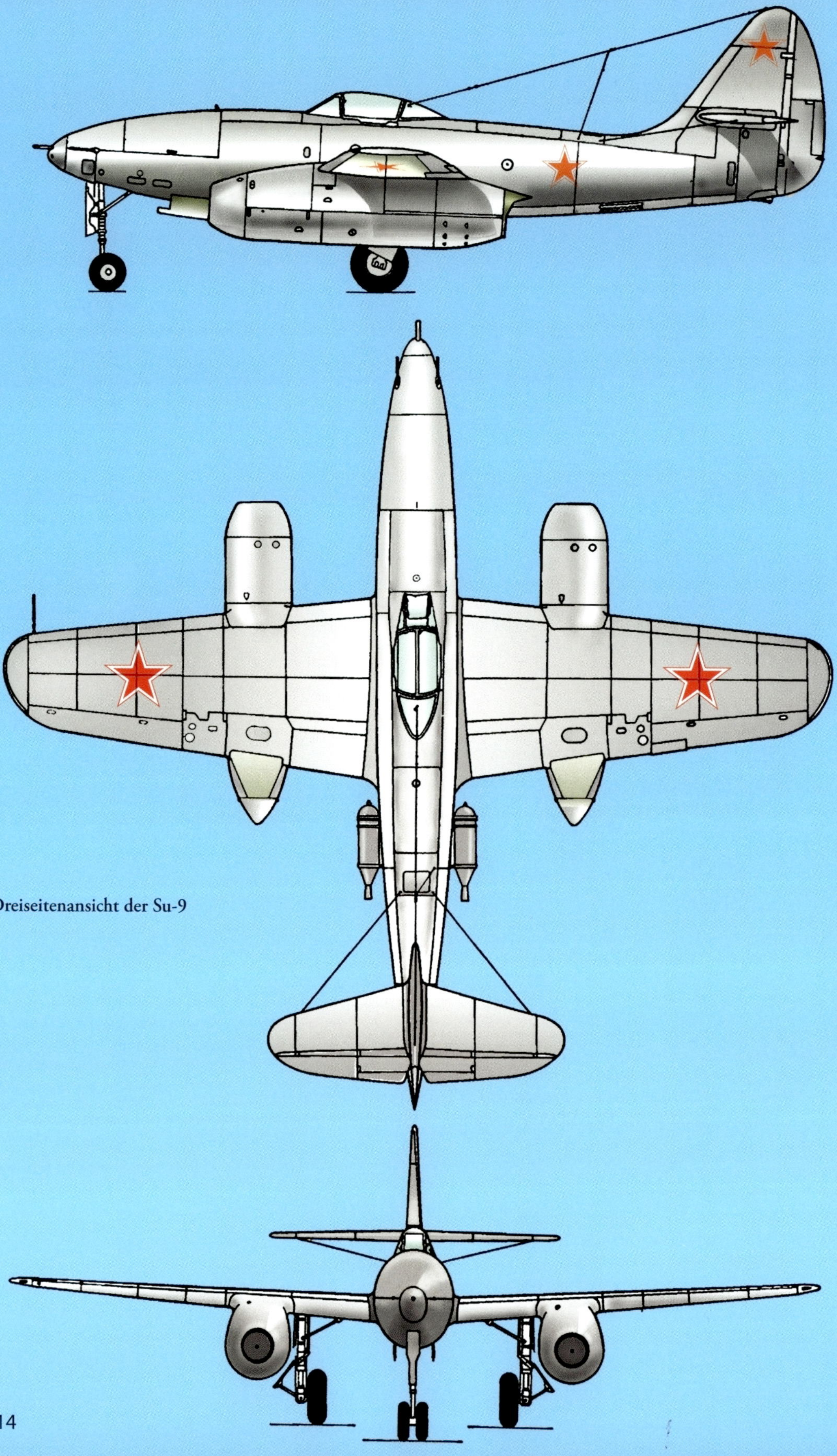

Dreiseitenansicht der Su-9

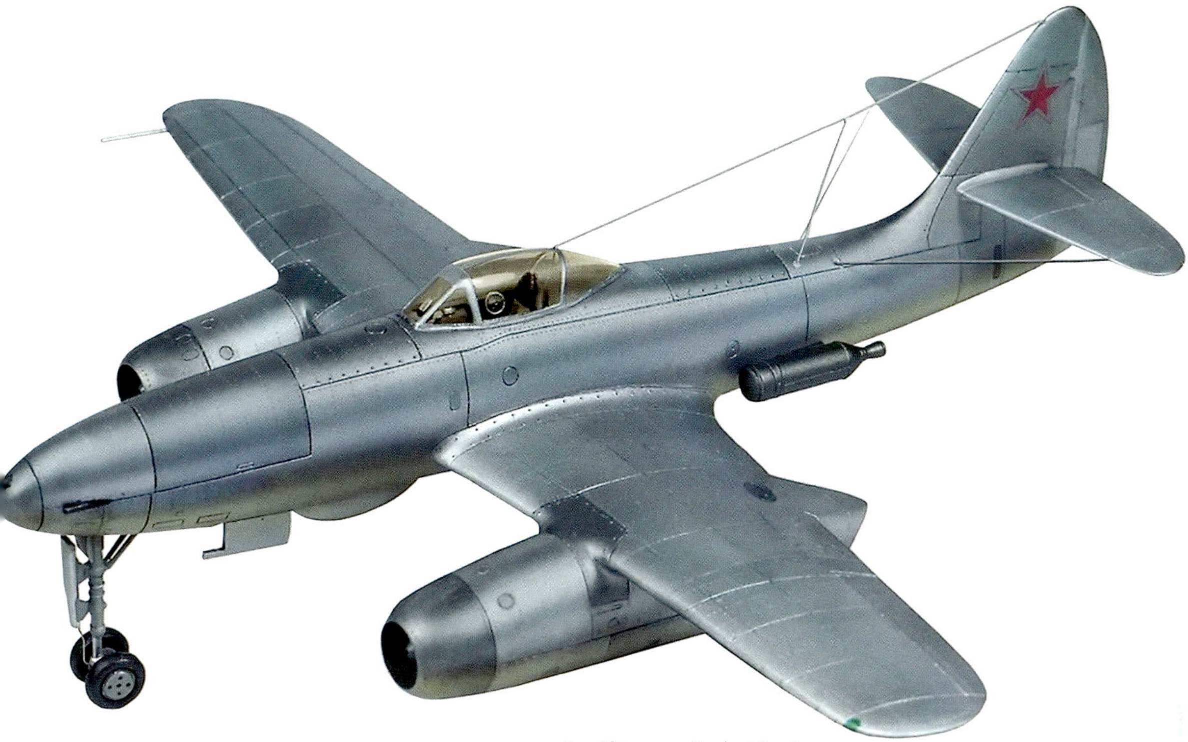

Jagdflugzeug Suchoi Su-9

aus Metall bestehende Leitwerk verfügte über Ruder und wurde freitragend ausgelegt. Zunächst erhielt der Prototyp zwei deutsche Jumo 004-Triebwerke unter dem Tragwerk, die aber schon bald durch den sowjetischen Nachbau RD-10 ersetzt wurden. Das RD-10 besaß einen achtstufigen Axialverdichter, eine Brennkammer mit sechs einzelnen, im Kreis angeordneten Flammrohren sowie eine einstufige Turbine. Ein mit Benzin betriebener Starter half beim Anlassen, als Kraftstoff des eigentlichen Triebwerks diente Kerosin. Das RD-10 entwickelte einen Schub von 8,9 kN und wog 720 kg, die Länge betrug 3935 und der Durchmesser 810 mm. Eine RD-10F genannte Weiterentwicklung erhielt einen Nachbrenner.

Die Bewaffnung der Su-9 bestand aus einer 37-mm-Kanone N-37 sowie zwei 23-mm-Kanonen NS-23, des Weiteren konnten zwei 250-kg-Sprengbomben FAB-250 oder eine einzelne 500-kg-Bombe FAB-500 unter dem Rumpf mitgeführt werden. In Bodennähe erreichte die Su-9 eine Höchstgeschwindigkeit von 847 km/h, in 3000 m Höhe waren es 885 km/h. Die Steigleistung betrug 20 m/s, die praktische Gipfelhöhe 12.800 m. Das beim Start 6100 kg schwere Flugzeug kam auf eine Reichweite von 800 km.

Die staatlichen Abnahmetests mit der Su-9 endeten am 18. Dezember 1947, zu spät für eine Serienproduktion. Inzwischen befanden sich nämlich die strahlgetriebenen Jäger Jak-15 und MiG-9 im Serienbau und modernere Typen hatten zumindest als Prototypen Gestalt angenommen. Schon im September 1946 hatte die Montage der zweiten Su-9 als Su-11 begonnen und sollte gemäß Pawel Suchois Wunschvorstellungen als verbesserte Variante in Serie gehen. Dabei verwendete das Flugzeug zwei neuartige, von Ljulka entworfene TR-1-Strahltriebwerke, welche in die Tragfläche integriert wurden. Sie leisteten jeweils 12,75 kN Schub und erlaubten höhere Geschwindigkeiten und Steigraten. Dagegen fand die geplante 45-mm-Kanone anstatt der N-37 keine Verwendung. Im Mai 1947 zum ersten Mal geflogen und im August zusammen mit der Su-9 der Öffentlichkeit präsentiert sowie nachfolgend in einigen Bereichen modifiziert, ergaben sich doch einige

Probleme, vielfach auch mit dem Triebwerk. Das TR-1 gelangte ebenso wenig in die Serienfertigung wie die Su-11 und die als Nachfolger konzipierte, aber nie geflogene Su-13. Als wesentliche Probleme als beseitigt galten, trat die berühmte MiG-15 bereits ins Rampenlicht und Suchoi erhielt zur Jahresmitte 1948 die Order zur Einstellung der Arbeiten an seinen zweistrahligen Jägern.

So waren die ersten sowjetischen Jäger, die serienmäßig mit Strahlantrieb ausgerüstet waren und in Dienst gestellt wurden, die Jak-15 von Jakowlew sowie die MiG-9 von Mikojan-Gurewitsch. Beide Typen waren nach dem sogenannten Reduktionsschema konstruiert worden, bei denen sich Lufteinlässe und Triebwerke im vorderen Teil des Rumpfes befinden und die Triebwerksdüsen unter dem mittleren Abschnitt der Flugzeugzelle enden. Zum einen ähnelte die Anordnung der von Kolbenmotorjägern, andererseits sollten dadurch Schubverluste wegen einer langen Triebwerksstrecke minimiert werden. Dieses Schema wandte Jakowlew zuerst bei einem seiner bewährten Jak-3-Jäger an, stattete das Flugzeug mit einem 8,9 kN starken RD-10 anstelle des Kolbenmotors aus und nutzte es als strahlgetriebene Versuchsmaschine unter der vorläufigen Bezeichnung Jak-Jumo. Im Angesicht der bevorstehenden Erprobung erhielt das neue Muster schließlich die Typenbezeichnung Jak-15.

Jakowlew Jak-15

Der Erstflug des Jak-15-Prototyps fand am 24. April 1946 um 13:56 Uhr statt, das heißt genau 2h 44min später als der des Rivalen MiG-9. Die Tests mit der Jak-15 liefen bis Mai 1947. Die Serienproduktion des Flugzeugs übernahm das Herstellerwerk Nr. 31 in Tbilisi und führte bis zum Jahresende zu einer Gesamtproduktion von etwa 280 Exemplaren.

In verschiedenen Bereichen wies die Jak-15 Gemeinsamkeiten mit der Jak-3 auf und lieferte den Piloten, die vom Kolbenmotor- auf den Strahlantrieb umschulten, ein halbwegs vertrautes Bild. Neu war die Verwendung von Metallkomponenten. Der Rumpf hatte einen Rahmen aus geschweißtem Stahl und war mit Duraluminium verkleidet. Insbesondere kamen am hinteren Rumpfabschnitt Materialien aus hauchdünnem Stahl zur Anwendung, um Brände durch den austretenden Triebwerksstrahl zu vermeiden. Das Heckrad war aus diesem Grund ganz aus Metall gefertigt. Auch der Flügelhauptholm bestand aus Metall, während an der Hinterkante Landeklappen und Querruder angebracht waren. Im Gegensatz zum Heckrad waren die Hauptfahrwerke vollständig einziehbar, der Kraftstoff wurde im Vorderrumpf untergebracht. Hier befand sich auf der Rumpfnase auch die aus zwei 23-mm-Kanonen NS-23 bestehende Bordbewaffnung plus jeweils 60 Granaten Munitionsvorrat. Das Cockpit wurde großteilig von der Jak-3 übernommen, was den Umstieg der Piloten auf die Jak-15 vereinfachte.

Mit dem RD-10-Triebwerk erreichte die Jak-15 maximal 786 km/h in großer Höhe oder 700 km/h

Flugzeugkonstrukteur Alexander Sergejewitsch Jakowlew (1906-1989)

Jagdflugzeug Jakowlew Jak-15

in Bodennähe. Die Gipfelhöhe lag bei 13.350 m, die Reichweite fiel mit 510 km gering aus. Aus diesem Grund kritisierte das Militär bereits im Mai 1947 die Eigenschaften des Flugzeugs und kam zu der Überzeugung, dass diese gerade im Bereich Reichweite für einen Jäger nicht ausreichten. Auch eine größere Kraftstoffzuladung hätte durch zusätzliches Gewicht praktisch zu keinen besseren Ergebnissen geführt. Aber man erkannte die Eignung der Jak-15, unter geringem Aufwand erste Erfahrungen mit dem Strahlantrieb zu sammeln und eine Übungsmaschine für den Übergang auf diese Antriebsform zur Verfügung zu haben.

Die MiG-9 (Projektcode "F", Werksbezeichnung I-300) erfüllte in weitaus besserem Maße die Anforderungen an ein Frontjagdflugzeug. Die Entwicklungsarbeiten im Konstruktionsbüro von Artjom Mikojan und Michail Gurewitsch starteten im Juni 1945. Bis zum Spätherbst waren die wesentlichen Konstruktionselemente fertig und ließen den Baubeginn eines Prototyps folgen. Der offizielle Entwicklungsauftrag wurde erst später erteilt. Dieser war im Dekret des Rates der Volkskommisare der UdSSR Nr. 472-131 vom 26. Februar 1946 sowie in der Verordnung des Volkskommisariats der Luftfahrtindustrie Nr. 157 vom 27. März desselben Jahres enthalten. Laut Auftrag war ein einsitziger Jäger mit einer Höchstgeschwindigkeit von 900 km/h in Bodennähe und mindestens 910 km/h in 5000 m gefordert, die Steigzeit bis in diese Höhe sollte fünf Minuten nicht überschreiten. Die Dienstgipfelhöhe wurde auf 13.000 m festgelegt und die Reichweite sollte bis zu 820 km betragen. Vorgesehen war eine starke Kanonenbewaffnung bestehend aus zwei 23-mm-Kanonen sowie einer 37-mm- oder 57-mm-Waffe.

Ende Dezember 1945 begann die Werkserprobung und am 23. März 1946 wurde der Prototyp zur staatlichen Erprobung an das Forschungsinstitut der Luftstreitkräfte übergeben. Zum ersten Mal erhob sich die Maschine am 24. April 1946 um 11:12 Uhr in die Luft. Der Flug dauerte sechs Minuten und verlief trotz der vielen neuartigen Elemente ohne Zwischenfälle. Tatsächlich erwies sich dabei die Anordnung der Triebwerke im Rumpf als günstig und reduzierte den Luftwiderstand besser als eine Unterbringung des Antriebs in Flügelgondeln. Das ganze Flugzeug war recht kompakt konstruiert und gemäß

Die Jak-15 flog als zweiter strahlgetriebener Jäger der Sowjetunion. Sie wog beim Start 2638 kg und nutzte ein RD-10 zum Antrieb.

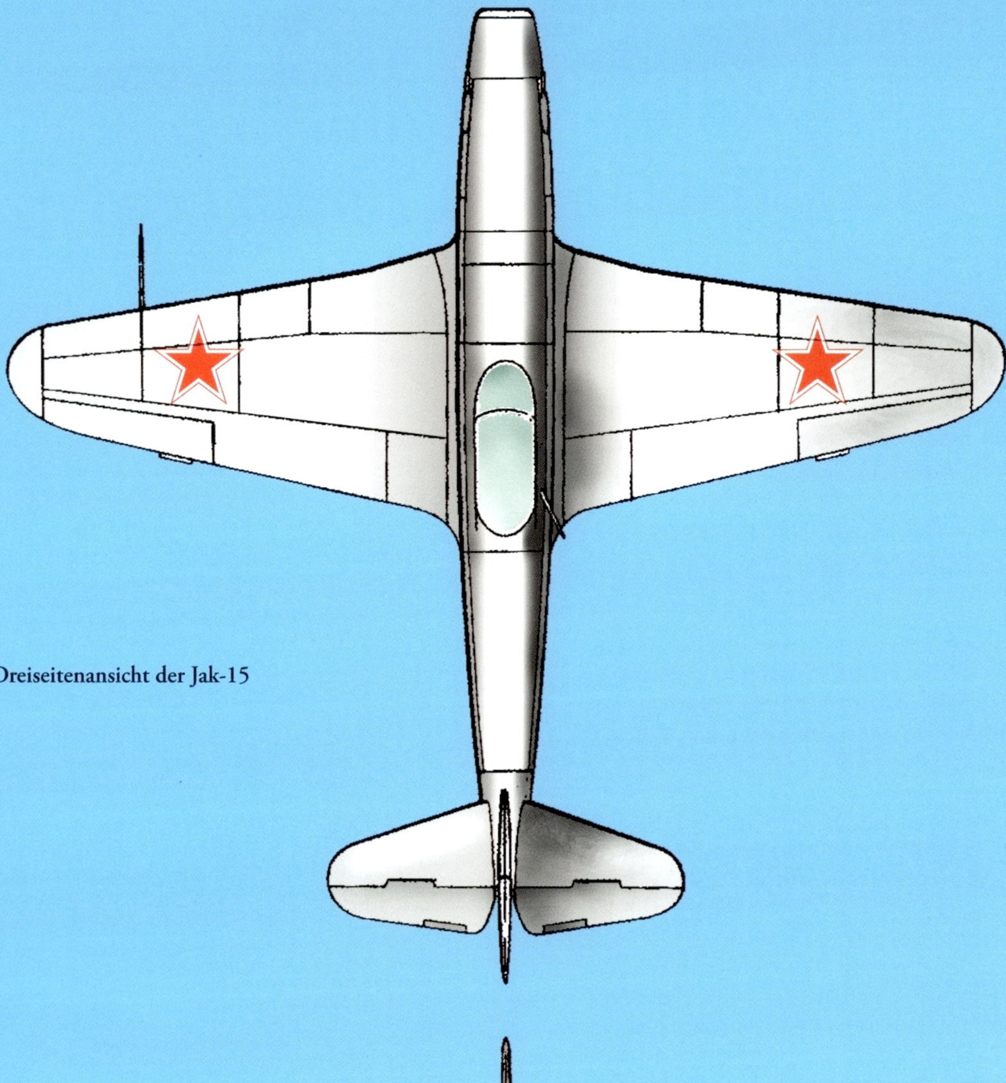

Dreiseitenansicht der Jak-15

dem damaligen Kenntnisstand aerodynamisch gut durchdacht. Der Zugang zu den Triebwerken war allerdings gerade bei anstehenden Wartungsarbeiten durch eine geringe Bodenfreiheit und die Positionierung der Hauptfahrwerke erschwert.

Die Produktion der für die MiG-9 bestimmten RD-20-Triebwerke wurde dem Werk Nr. 16 in Kasan gemäß der Anordnung Nr. 247 des Volkskommissariats der Luftfahrtindustrie vom 13. Juni 1945 übertragen. Zunächst waren hier Nachbauten des erbeuteten BMW 003 vom Band gelaufen und anschließend die Triebwerksfertigung mit all seinen Abläufen auf das neue Aggregat umgestellt und perfektioniert worden. Das RD-20 zeichnete sich durch Axialverdichter und eine verstellbare Schubdüse, eine Ringbrennkammer mit 16 Brennern um die Einspritzdüsen und einen Schub von 7,8 kN aus. Die Länge des Triebwerks betrug 3300 mm und der Durchmesser 680 mm, als Kraftstoff wurde Kerosin verwendet. Die Laufzeit bis zur nächsten Überholung betrug anfangs 25 h, modifizierte Versionen wie díe RD-20A und RD-20B brachten es auf 50 bzw. 75 Betriebsstunden.

Das Fahrwerk der Jak-15 war in Heckradanordnung gebaut und auch in anderen Belangen glich der Jäger noch sehr seinen von Kolbenmotoren angetriebenen Vorfahren.

Mikojan-Gurewitsch MiG-9 sowie Jakowlew Jak-17 und Jak-23

Der Rumpf der MiG-9 war aus Metall hergestellt, im Bug gab es den Lufteinlass für die beiden Strahltriebwerke. Hier befanden sich auch die Bordkanonen und der Schacht für das Bugfahrwerk. Wegen der heißen Triebwerksabgase war das Heckteil mit hitzebeständigem Stahl versehen, am Schluss befand sich das freitragende Leitwerk einschließlich der hoch positionierten Höhenflossen. Die Tragflügel waren mit geschlitzten Klappen sowie Querrudern ausgestattet und an der Vorderkante gerade. Ein Gesamtvolumen von 1625 l Kraftstoff fand in vier Rumpf- sowie sechs Flügeltanks seine Unterbringung.

Auf Anordnung Nr. 617 des Ministeriums für Luftfahrtindustrie vom 12. September 1946 wurde das Werk Nr. 1 angewiesen bis zum 20. Oktober eine Serie von zehn Flugzeugen zu bauen, um an der am 7. November geplanten Luftparade teilzunehmen. Um das extrem knappe Zeitfenster einzuhalten, wurden außergewöhnliche Maßnahmen ergriffen. Konstrukteure und Arbeiter aus anderen Betrieben wurden hinzugeholt, Komponenten mit dem Flugzeug angeliefert usw. Somit gelang es, die Fertigung der zehn neuen MiG-9 in 41 Tagen zu bewerkstelligen.

Die November-Parade von 1946 wurde letztlich wegen schlechtem Wetter abgesagt, doch am 1. Mai

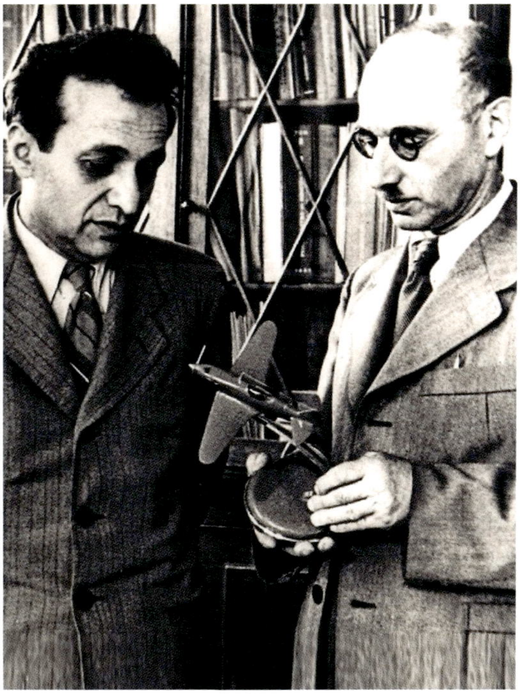
Die Flugzeugkonstrukteure Artjom Iwanowitsch Mikojan (1905-1970), links und Michail Jossifowitsch Gurewitsch (1893-1976) rechts.

Diese Abbildung der MiG-9 zeigt gut das Konstruktionsschema des ersten sowjetischen Jägers mit Strahlantrieb auf.

1947 flogen Dutzende neuer strahlgetriebener Flugzeuge über den Roten Platz in Moskau einschließlich Jak-15 und MiG-9. Der Durchbruch der Sowjetunion in das Zeitalter der strahlgetriebenen Flugzeuge war vollbracht.

Die Führungsorgane der Verteidigungs- und Luftfahrtministerien hatten folgende Einsatzdoktrin festgelegt: Das Jagdflugzeug Jak-15 wird als Übergangsmuster zur Umschulung des Flugpersonals von Kolbenmotorjägern auf strahlgetriebene Typen genutzt. Gleichzeitig werden im Ausbildungszentrum der Luftstreitkräfte Instrukteure geschult und mit der I-300 aka MiG-9 vertraut gemacht. In den regulären Verbänden erfolgt zuerst die Umschulung von Jägern mit Kolbenmotorantrieb auf die Jak-15 und nach diesem Prozess wird an den Standorten vor Ort auf die MiG-9 umgeschult.

Staatliche Tests mit der MiG-9 wurden Ende 1946 parallel zum Start der Serienproduktion im Werk Nr. 1 in Kuibyschew vollständig durchgeführt. Als Resultate dieser Testreihen stellte man fest, dass die MiG-9 mit ihren Eigenschaften im Allgemeinen den gestellten Aufgaben entsprach. In 5000 m Flughöhe wurden 910 km/h erreicht, in Bodennähe 864 km/h. Die Reichweite betrug in einer Höhe von 5000 m 705 km und kletterte in einer Flughöhe von 10.000 m auf 800 km. Als praktische Gipfelhöhe wurden 13.500 m und als Steigzeit auf 5000 m 4,3 Minuten vermerkt. Bei der Vorbereitung zum Serienbau in Kuibyschew erkannte man allerdings Defizite, die eine Großserienfertigung behinderten. In diesem Zusammenhang musste durch das Konstruktionsbüro innerhalb von zwei Monaten die Struktur des Flugzeugs, insbesondere am Rumpf überarbeitet werden.

Die ersten Serienmaschinen der MiG-9 verließen im März 1947 die Montagehalle, insgesamt wurden bis Jahresende 290 dieser Flugzeuge hergestellt. Die von 1946 bis 1948 laufende Gesamtproduktion der MiG-9 ergab insgesamt 602 Exemplare. Als diese Jagdflugzeuge zu Anfang der 1950er Jahre noch relativ neu in den Beständen der Einsatzregimenter waren, wurde bereits ein Großteil, nämlich 372 von 598 Exemplaren, an die chinesische Luftwaffe abge-

Schubdüse des RD-20-Triebwerks der MiG-9.

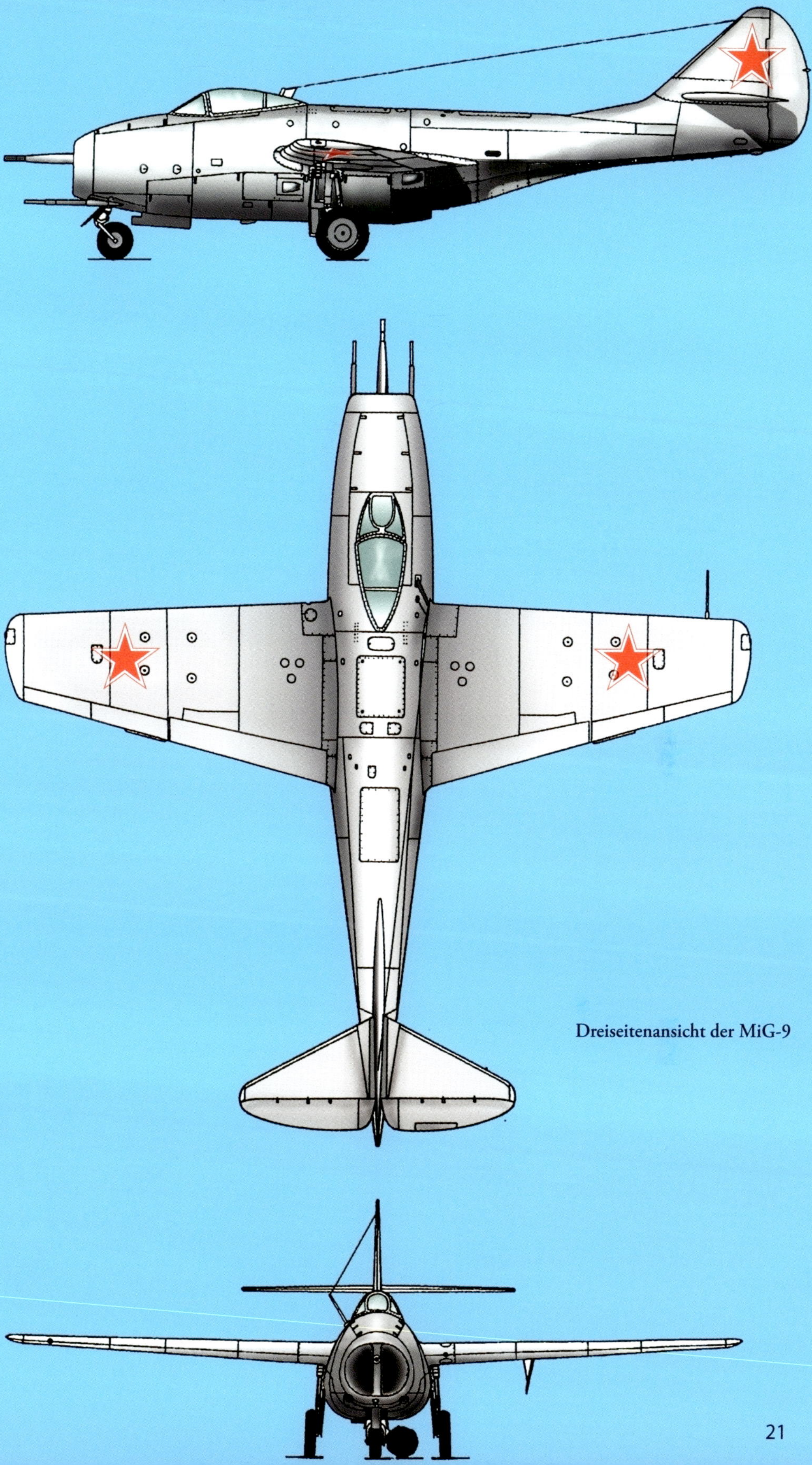

Dreiseitenansicht der MiG-9

Im Bug war die Bewaffnung, bestehend aus einer 37-mm- sowie zwei 23-mm-Kanonen, installiert, was sich aufgrund der austretenden Pulverdämpfe als ungünstig erwies.

geben. Die ab November 1950 gelieferten Maschinen erfüllten den gleichen Zweck wie in der UdSSR und machten Flugzeugführer und technisches Personal mit dem Strahlantrieb vertraut.

Die ersten sowjetischen Flugzeuge mit Strahlantrieb waren praktisch aus der "Not" heraus entwickelt worden, die Konstrukteure hatten noch keine Erfahrung mit Hochgeschwindigkeitstechnologie und die Wissenschaft war sich vieler Probleme, die in diesem Zusammenhang stehen, noch nicht bewusst. Bei der Konstruktion von strahlgetriebenen Flugzeugen, bei der Erprobung, dem nachfolgenden Feinschliff und letztlich auch beim Start der Serienproduktion wurde noch viel improvisiert. In der Luftfahrt sind solche Arbeitsweisen riskant, führen unweigerlich zu menschlichen und materiellen Verlusten. Trotz alledem wurde das Ziel erreicht, die sowjetischen Luftstreitkräfte mit einsatztauglichen Kampfjets zu versorgen und die Luftfahrtindustrie des Landes zur Produktion derartiger Flugzeuge inklusive Triebwerken entsprechend umzubauen.

Bei der Erprobung der neuen Flugzeugtypen und auch bei deren Einführung in die regulären Verbände, gab es noch zahlreiche Mängel und erforderten mehrfach Nacharbeiten. Ebenso war eine fachgerechte Ausbildung für fliegendes und technisches Personal erforderlich. Schon beim Abschluss der staatlichen Testreihen mit der Jak-15 wurde festgestellt, dass dieses Flugzeug aufgrund des simplen Designs, der geringen Schubkraft des RD-10-Triebwerks sowie der einfachen Steuerung zur Weiterentwicklung einer Trainingsversion mit Doppelsteuer taugte. Zudem sei eine Überarbeitung des Fahrwerks, gemeint ist eine Bugradanordnung,

Jagdflugzeug Mikojan-Gurewitsch MiG-9

Röntgenschnitt der MiG-9

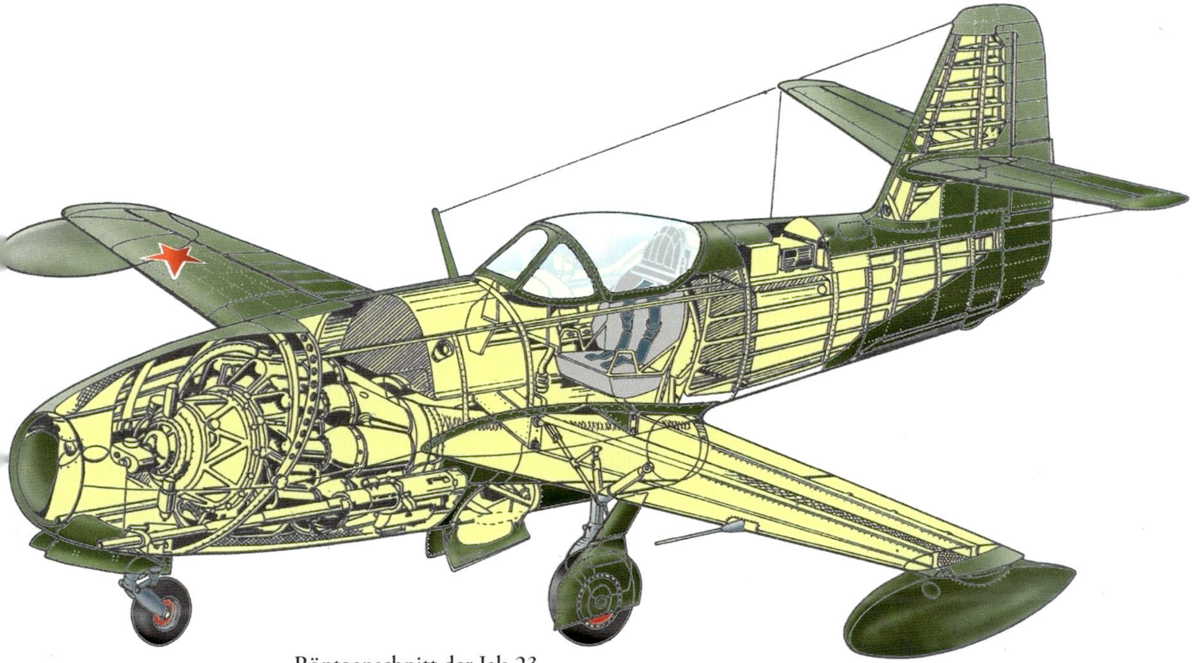

Röntgenschnitt der Jak-23

empfehlenswert. Entsprechende Anforderungen wurden für einen verbesserten Jäger Jak-15U sowie eines zweisitzigen Schulflugzeugs Jak-15T erstellt, deren Typenbezeichnungen sich später in Jak-17 und Jak-17U änderten.

Die Jak-17 unterschied sich von der Jak-15 hauptsächlich durch das Bugradfahrwerk, mit dem weniger Schaden auf den Start- und Landebahnen und am Flugzeug selbst angerichtet werden konnte und zugleich einige Umkonstruktionen am Rumpf erforderte. Dabei wurde auch die interne Kraftstoffmenge reduziert, aber mit anhängbaren Zusatztanks an den Flügelenden ausgeglichen. An den Tragflügeln selbst gab es strukturelle Verstärkungen, außerdem ein Höhenleitwerk mit größerer Fläche. Die staatliche Erprobung der Jak-17 dauerte von August bis November 1947 und ließ die Empfehlung zur Serienproduktion folgen. So wurden im Folgejahr 279 Jak-17 und Jak-17UTI hergestellt, bis zum Produktionsende 1949 waren es dann ganze 430 Exemplare.

Wie die Jak-15 so entwickelten sich auch die Jak-17 und Jak-17UTI zu einer Art "Fliegendes Klassenzimmer". Nicht nur sowjetische Piloten machten mit diesen Flugzeugen ihre ersten Erfahrungen mit Strahlantrieb, sondern auch Piloten in Bulgarien, Chi-

Ein Serienjäger Jak-23 im Dienst der sowjetischen Luftstreitkräfte (Foto: Sammlung Thiesler)

na, Polen, Rumänien und der Tschechoslowakei. Bei den ausländischen Nutzern wurden sie etwa vier bis fünf Jahre eingesetzt und dann durch Jak-23- und MiG-15-Jäger ersetzt.

Mit dem Jagdflugzeug Jak-23 schuf das OKB Jakowlew eine modernisierte Variante der Jak-15 / Jak-17 nach dem bisherigen Schema, aber mit verbesserten Leistungen und einem guten Handling. Diesmal wurde das Flugzeug in Ganzmetall-Halbschalenbauweise hergestellt, mit einteiligem Tragflügel in Laminarprofil und mit vom ZAGI konzipierten geschlitzten Klappen. Der Pilot auf seinem Schleudersitz wurde hinten durch eine 8 mm starke Panzerplatte und vorn durch 57 mm starkes Panzerglas geschützt, die Kabine war druckbelüftet und bezog ihre Luft über einen speziellen Lufteinlass. Gleichfalls war eine Heizung vorhanden. Wichtigste Neuerung der Jak-23 war aber das Strahltriebwerk. Hinter der schlichten Bezeichnung RD-500 verbarg sich das von der britischen Firma Rolls-Royce produzierte Derwent V.

Im Laufe des Jahres 1946 setzten sich sowjetische Flugzeugbauer für den Erwerb von ausländischer Triebwerkstechnologie ein, im Speziellen schienen die Produkte von Rolls-Royce sehr ausgereift und könnten helfen, bei der Entwicklung moderner Kampfjets viel Zeit zu sparen. Stalin höhnte: "Welcher Narr würde seine Geheimnisse verkaufen?" Doch im Dezember besuchte tatsächlich eine sowjetische Delegation, darunter MiG-Chefkonstrukteur Artjom Mikojan und Triebwerksdesigner Wladimir Klimow, England und dabei auch die Rolls-Royce-Herstellerwerke. Und tatsächlich konnte ein Vertrag über die Lieferung von 30 Derwent

V sowie 20 Nene I und fünf Nene II abgeschlossen werden, mit Zustimmung des vormaligen Ministers für Flugzeugproduktion Stafford Cripps und gedacht als Geste des guten Willens an den ehemaligen Kriegsalliierten. Für viele bis heute unverständlich und für den damaligen Sekretär der Royal Air Force ein Schock, wenn er sich vorstellte, dass seine Jägerstaffeln gegen russische Flugzeuge mit fortschrittlicher, britischer Triebwerkstechnolgie kämpfen sollten. Doch das Geschäft kam zustande und die Lieferungen nahmen ab Februar 1947 ihren Lauf. Bereits am 11. März erließ der Ministerrat der UdSSR den Beschluss Nr. 493-192, nach dem das OKB Jakowlew ein Jagdflugzeug mit einem Derwent V-Triebwerk entwickeln sollte. Das Derwent V kam auf 15,6 kN Schubkraft und ein Gewicht von 584 kg, es war 2110 mm lang und maß 1090 mm im Durchmesser. Es handelte sich um eine einstufige Turbine mit Radialverdichter sowie neun einzelnen Brennkammern.

Derwent wie Nene waren sofort begehrte Objekte und rüsteten schon bald verschiedene sowjetische Versuchsflugzeuge aus, die mit Strahlantrieb hohe Leistungen erbringen sollten. Zugleich wurden die Triebwerke ausführlich studiert und gingen als Nachbauten in Serienproduktion. In der Sowjetunion wurde aus dem Derwent das RD-500 und aus dem Nene das RD-45.

Das Derwent produzierten ab 1948 die Werke Nr. 16, Nr. 478 und Nr. 500. Mit diesem Antrieb kam die im Juli 1947 erstmals geflogene Jak-23 auf maximal 910 km/h in großer Höhe sowie 925 km/h in Bodennähe, die Steigleistung betrug bis zu 41 m/s. Das Flugzeug erreichte eine praktische Gipfelhöhe von 14.800 m, mit angehängten Zusatztanks war eine Reichweite von 1035 km möglich. Die aus drei 23-mm-Kanonen NR-23 bestehende Bewaffnung war nur unwesentlich stärker als die der Vorgänger. Hergestellt wurde die Jak-23 im Werk Nr. 31 in Tbilisi, von Anfang 1949 bis Ende 1950 entstanden insgesamt 313 Exemplare. In den sowjetischen Luftstreitkräften fand die Jak-23 nur begrenzte Verwendung, mehrere Regimenter der nordkaukasischen und Wolga-Militärbezirke flogen den Jäger. Ein Großteil der produzierten Maschinen wurde außerdem von verbündeten Nationen in Osteuropa bis 1955/ 56 eingesetzt, manche flogen bis zum Ende des Jahrzehnts.

Während das OKB Jakowlew mit der Jak-23 praktisch eine Weiterentwicklung der Jak-15 und Jak-17 und wiederum mit geradem Tragwerk abgeliefert hatte, entstand zur beinah selben Zeit bei MiG ein wahres Meisterstück. Mit Pfeilflügeltragwerk und dem leistungsstärkeren Nene ausgerüstet, war es die MiG-15, die als künftiger Frontjäger in Dienst gehen sollte. Untermauert von dem Dekret des Ministerrats Nr. 493-192 vom 11. März 1947 sowie der Verordnung des Ministeriums der Luftfahrtindustrie Nr. 210 vom 15. April 1947 waren für das Flugzeug folgende Aufgaben vorgesehen:

- Durchführung des aktiven Luftkampfes mit feindlichen Jagd- und Bombenflugzeugen
- die Abwehr feindlicher Luftangriffe
- der Einsatz gegen Bodenziele
- die Durchführung von Aufklärungsaufgaben.

Bei der passenden Wahl der Tragflügelform halfen umfangreiche Untersuchungen in den Windkanälen des ZAGI. Unterschiedliche Varianten mit geradem und gepfeiltem Tragwerk fanden dabei Berücksichtigung, bevorzugt wurde schließlich der Pfeilflügel. Er bot mit hoher Geschwindigkeit, mit weniger Widerstand im schallnahen Bereich oder auch mit einer besseren Resistenz gegen atmosphärische Turbulenzen die besseren Eigenschaften. Für die MiG-15 wurde ein Tragflügel mit einer Vorderkantenpfeilung von 35 Grad ausgewählt, ausgestattet mit zusätzlichen Grenzschichtzäunen auf der Oberseite zur Stabilisierung des Strömungsabrisses.

Die Anforderungen an den zu bauenden Jäger schloss außerdem die Verwendung einer Druckkabine mit Schleudersitz ein. In dieser waren die wichtigsten Instrumente auf dem Cockpitpanel konzentriert: künstlicher Horizont, Fahrtmesser, Höhenmesser, Variometer, Schlupfanzeige. Hinzu kamen Navigationsinstrumente wie ein Kreiselkompass, einen Funkkompass oder auch ein Funkhöhenmesser. Der Rumpf war in Halbschalenbauweise und aus Duraluminium gefertigt, der Rahmen wies Anteile von Stahl auf. Für eine vereinfachte Herstellung war er in mehrere Sektionen unterteilt und das Heck für eine leichtere Wartung komplett abziehbar. Das drei-

Die Jak-23 verfügte über akzeptable Leistungsparameter und erzielte eine Höchstgeschwindigkeit von 925 km/h. Das Flugzeug wog leer 1990 und beim Start maximal 3389 kg.

Diese Jak-23 ist im Museum der Luftstreitkräfte der Russischen Föderation in Moskau-Monino ausgestellt. (Foto: Heiko Thiesler)

teilige Fahrwerk besaß Bugradanordnung und war an allen Baugruppen je einfach bereift. Die Hauptfahrwerke fanden nach dem Start in den Tragflächen ihre Unterbringung, während das Bugrad unterhalb des Lufteinlasses Platz fand. Im Bug befand sich auch die sehr schlagkräftige Bewaffnung und bestand aus einer 37-mm-Kanone N-37 sowie zwei 23-mm-Kanonen NS-23. Alle drei Waffen waren zusammen mit dem Munitionsbehälter als Lafette komplett absenkbar und erlaubte damit den Wartungstechnikern einen unkomplizierten Zugang.

Die wichtigste Neuerung war natürlich das RD-45-Strahltriebwerk. Hier diente das britische Nene als Ausgangsdesign und Prototyp. Mitunter wird sogar von einem Lizenzbau gesprochen, doch lieferten die Briten keinerlei technische Dokumentationen oder Konstruktionsunterlagen zu den gekauften Triebwerken. Ab Ende 1946 arbeiteten die sowjetischen Konstruktionsbüros OKB-45 und OKB-117 an der Anpassung des Nene für eine geplante Herstellung in der UdSSR, änderten den Luftdurchlass und vergrößerten die Brennkammer. So entstand neben dem RD-45 mit 20 kN Schub das RD-45F mit 22,26 kN Schub. Zuletzt genanntes Aggregat wurde metallurgisch überarbeitet und brachte nur noch 705 kg statt die 808 kg des RD-45 auf die Waage. Beide Baureihen waren einwellige Turbinen mit einstufigen Radialverdichter und verfügten jeweils über neun einzelne Brennkammern. Schließlich lief die Serienproduktion von 1948 bis 1958 in den Werken Nr. 26, Nr. 45 und Nr. 478. Zwischenzeitlich war auf der Basis des RD-45 das WK-1 entstanden, das einen verstärkten Schub von 26,5 kN ablieferte und 1949 in den Serienbau überführt wurde. Den realisierten die Herstellerwerke Nr. 16, Nr. 19, Nr. 24 und Nr. 26. Damit wurde das WK-1 zum Standardantrieb für die MiG-15.

Der Erstflug des MiG-15-Prototyps als I-310 wurde am 30. Dezember 1947 von Testpilot Wiktor Juganow durchgeführt.

Mikojan-Gurewitsch MiG-15, MiG-17, MiG-19

In der frühen Testphase und noch vor Beendigung der Werkserprobung, bei denen die I-310 gute Ergebnisse aufzeigte, enstschied sich der Ministerrat der UdSSR mit dem Beschluss Nr. 790-255 vom 15. März 1948 zum Serienbau. Den sollte das Herstellerwerk Nr. 1 in Kuibyschew einleiten und startete letztendlich zusammen mit den Werken Nr. 153 in Nowosibirsk sowie Nr. 381 in Moskau die Produktion. In der Zwischenzeit fanden die staatlichen Abnahmetests vom 27. Mai bis 25. August 1948 statt und bestätigten praktisch die Ergebnisse der Werkserprobung. In einer Höhe von 5000 m betrug die Höchstgeschwindigkeit 1028 km/h, während die Versuchspiloten in 2620 m Höhe 1042 km/h erzielten. Hier wurden die ursprünglichen Erwartungen weit übertroffen. Die praktische Reichweite von 1310 km wurde gegenüber den Vorgaben immerhin noch um 195 km überschritten. Bei der Steigzeit auf 5000 m war man ebenfalls freudig überrascht, konnte der Vorgang statt der anvisierten 3,2 Minuten schließlich auf 2,3 Minuten verkürzt werden. Die Versuchsreihen insgesamt waren umfangreich und sollten vor unliebsamen Überraschungen schützen. Hierzu nutzte man vom 20. Mai bis 15. September 1949 auch 20 Serienmaschinen. Die Meinung der Piloten fiel dann einhellig aus: "Die MiG-15 ist in Bezug auf ihre Flug- und Kampfeigenschaften eines der besten modernen Jagdflugzeuge mit Strahlantrieb." Auch die Ingenieure und Techniker äußerten eine hohe Einschätzung: "Der Bodenbetrieb der MiG-15 mit dem Triebwerk RD-45F ist einfacher als mit der strahlgetriebenen Jak-17 und den Kolbenmotorjägern La-9 und Jak-9."

Schließlich hatte die MiG-15 einiges an Potenzial und bildete die Grundlage weiterer Versionen, wenn auch nicht alle davon in Serie gefertigt wurden. Die wichtigsten waren:

- MiG-15bis – Frontjäger mit einem WK-1-Triebwerk;
- UTI MiG-15 – Schullflugzeug mit Doppelsteuer;
- MiG-15P - Allwetter-Abfangjäger mit Radar;
- MiG-15Rbis - Fotoaufklärer;
- MiG-15S und MiG-15Sbis - Begleitjäger für große Höhen;
- MiG-15bis (ISch) Schlachtflugzeug (Jagdbomber mit Trägern unter den Tragflächen zur Aufnahme von Bomben und Raketenabschussbehältern.

Die Serienproduktion der MiG-15 war tatsächlich gewaltig und fand an neun Standorten ihre Umsetzung:

- Werk Nr. 1: 813 MiG-15, 1681 - MiG-15bis, fünf MiG-15Pbis und 881 UTI MiG-15;

- Werk Nr. 21: 1784 MiG-15bis und 364 MiG-15Rbis;
- Werk Nr. 31: 225 MiG-15bis;
- Werk Nr. 99: 1117 UTI MiG-15;
- Werk Nr. 126: eine MiG-15 und 832 MiG-15bis;
- Werk Nr. 135: 511 UTI MiG-15;
- Werk Nr. 153: 924 UTI MiG-15, 453 MiG-15; 2420 MiG-15bis;
- Werk Nr. 292: zwei MiG-15, 994 MiG-15bis und 49 MiG-15Sbis;
- Werk Nr. 381: 75 MiG-15.

Die Erfolge der Flugzeughersteller ermöglichten eine groß angelegte Aufrüstung mit neuen Kampfflugzeugen in der UdSSR. Ende 1952 machten strahlgetriebene Typen 85,5 % aller Luftverteidigungsjäger des Landes aus. Die MiG-15 wurde außerdem in der Tschechoslowakei (1473 Stück) und in Polen (rund 1000 Exemplare) hergestellt.

Die "Feuertaufe" erlebte die MiG-15 Anfang der 1950er Jahre während des Koreakrieges. Der Jäger gehörte zum Bestand mehrerer Jagdfliegerdivisionen, die Teil des 64. Jagdfliegerkorps waren. Sie dienten zum Schutz der wichtigsten Industrie- und Verwaltungszentren im nordöstlichen China sowie der rückwärtigen Einrichtungen der chinesischen Volksbefreiungsarmee. Die Zusammensetzung des Jagdfliegerkorps war nicht konstant. Es bestand in der Regel aus zwei oder drei Jagdfliegerdivisionen, einem separaten Nachtjägerregiment, zwei Flak-Bataillonen und einem Suchscheinwerferregiment für die Flugabwehr. Die Jagdfliegerdivisionen wurden während des Koreakrieges mehrmals ausgewechselt. So waren insgesamt zehn verschiedene Divisionen im Laufe des Konfliktes Bestandteil des Korps, deren Piloten unschätzbare Erfahrungen im Kampf zwischen strahlgetriebenen Jagdflugzeugen sammeln konnten. Gegner der sowjetischen Piloten waren meist Amerikaner, die vor allem P-47, P-51, F-80, F-84, F-86 oder Bomber der Typen B-26, B-29 und B-45 flogen. Hinzu kamen Maschinen der US Navy wie F4U, F9F oder britischen Ursprungs wie die Sea Fury und Meteor.

In der Anfangszeit (November 1950 bis Januar 1952) schossen die sowjetischen Piloten 564 feindliche Flugzeuge ab und verloren selbst 34 Piloten und 71 Flugzeuge. Damit lag das Abschussverhältnis bei 7,9:1 zugunsten der Sowjets. Für ein abgeschossenes Flugzeug mussten durchschnittlich 33 Einsätze absolviert werden, die dazu benötigte Munition lag im Schnitt bei 212 Granaten.

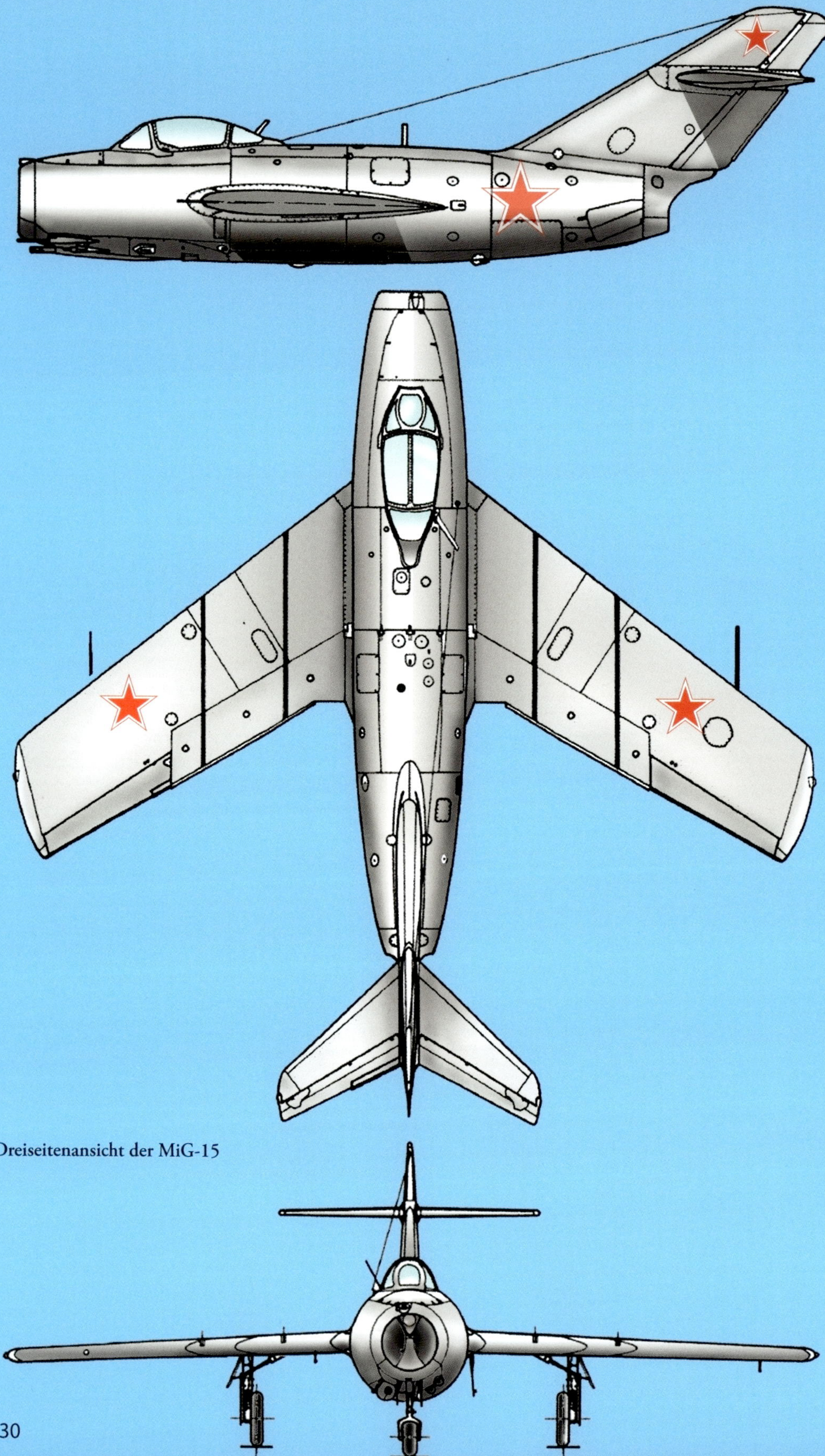

Dreiseitenansicht der MiG-15

Die MiG-15 stellte weltweit einen ungeheuren Fortschritt beim Bau strahlgetriebener Jagdflugzeuge dar und überraschte mit ihren Kampfeigenschaften im Koreakrieg.

Bei den Luftkämpfen waren die Amerikaner anfangs von der bestechenden Überlegenheit der MiG-15 gegenüber allen Kolbenmotorjägern sowie den strahlgetriebenen Mustern F-80 und F-84 überwältigt. Aus diesem Grund wurden die US-Jagdgeschwader schon bald von der F-80 auf die F-86 umgerüstet und die restlichen, zuvor als Jäger eingesetzten Typen hauptsächlich als Jagdbomber im Einsatz. Die F-86 Sabre war der MiG-15 in Bezug auf Gipfelhöhe, Steigleistung und Manövrierfähigkeit unterlegen und besaß mit ihren 12,7-mm-MG nicht so schwere Waffen wie der sowjetische Gegenspieler. Die Zelle der F-86 war allerdings in aerodynamischer Hinsicht ausgewogener, sie konnte schneller in den Sturzflug gehen und beschleunigen und erzielte in niedrigen Flughöhen größere Maximalgeschwindigkeiten. Hauptvorteil der F-86 war jedoch das hervorragende Visier mit einem Funkentfernungsmesser, das automatisch Abstandskorrekturen eingab. Bei der MiG-15 wurde die Entfernung zum Ziel visuell bestimmt und manuell in das halbautomatische Visier eingegeben. Manchmal dauerte genau dieser Prozess zu lange…

Nach den sowjetischen Dokumenten zum Koreakrieg, aus denen erst in jüngster Vergangenheit der Stempel "Geheim" entfernt wurde, führten die Piloten des 64. Jagdfliegerkorps 1872 Luftkämpfe. Bei diesen wurden 1106 feindliche Flugzeuge einschließlich 650 F-86 abgeschossen, die Verluste des Jagfliegerkorps sollen sich dagegen auf 335 Flugzeuge belaufen. Ein Abschussverhältnis von 3:1 zugunsten der sowjetischen Piloten.

Die Auswertung der Luftkämpfe über Korea, vor allem denen zwischen MiG-15 und F-86, trugen zur Beschleunigung der Serienproduktion sowie Indienststellung des neuen Jagdflugzeugs MiG-17 bei. Diese Maschine war eine Weiterentwicklung der MiG-15 und konnte mit einem neuen Tragwerk aufwarten. Die Tragflächen waren nun um 45 und ab der Mitte um 42 Grad gepfeilt, verfügten zudem über drei Grenzschichtzäune pro Seite und abgerundete Enden. Damit ließ sich das Trudeln und Schütteln der MiG-15 beim Kurvenflug mit hoher Geschwindigkeit abstellen. Auch das Leitwerk war mit 45 Grad stärker gepfeilt und das Heckteil des Flugzeugs fiel etwas länger aus. Mit dem gleichen WK-1A-Triebwerk kam die MiG-17 auf eine um fast 50 km/h höhere Geschwindigkeit, eine um 20 bis 30 Sekunden verkürzte Steigzeit auf 10.000 m Höhe sowie eine verbesserte Manövrierfähigkeit. Im Laufe der Serienproduktion wurde die Avionik modernisiert, die Version MiG-17P als Abfangjäger erhielt im Bug ein Izumrud-Radar zur Zielsuche. Ab 1953 ging die Hauptserienversion MiG-17F in Serie, die dank des mit Nachbrenner ausgestatteten WK-1F-Triebwerks noch bessere Leistungen erreichte.

Die Typen Jak-15, Jak-17, Jak-23, MiG-9, MiG-15 und MiG-17 zählten zu den strahlgetriebenen Jagdflugzeugen der ersten Generation. Sie waren konzeptionell in vielen Bereichen noch mit den Kol-

Diese MiG-15bis trägt unter den Tragflügeln ungelenkte Raketen, im Grunde stützte sie sich aber auf ihre effektive Kanonenbewaffnung.

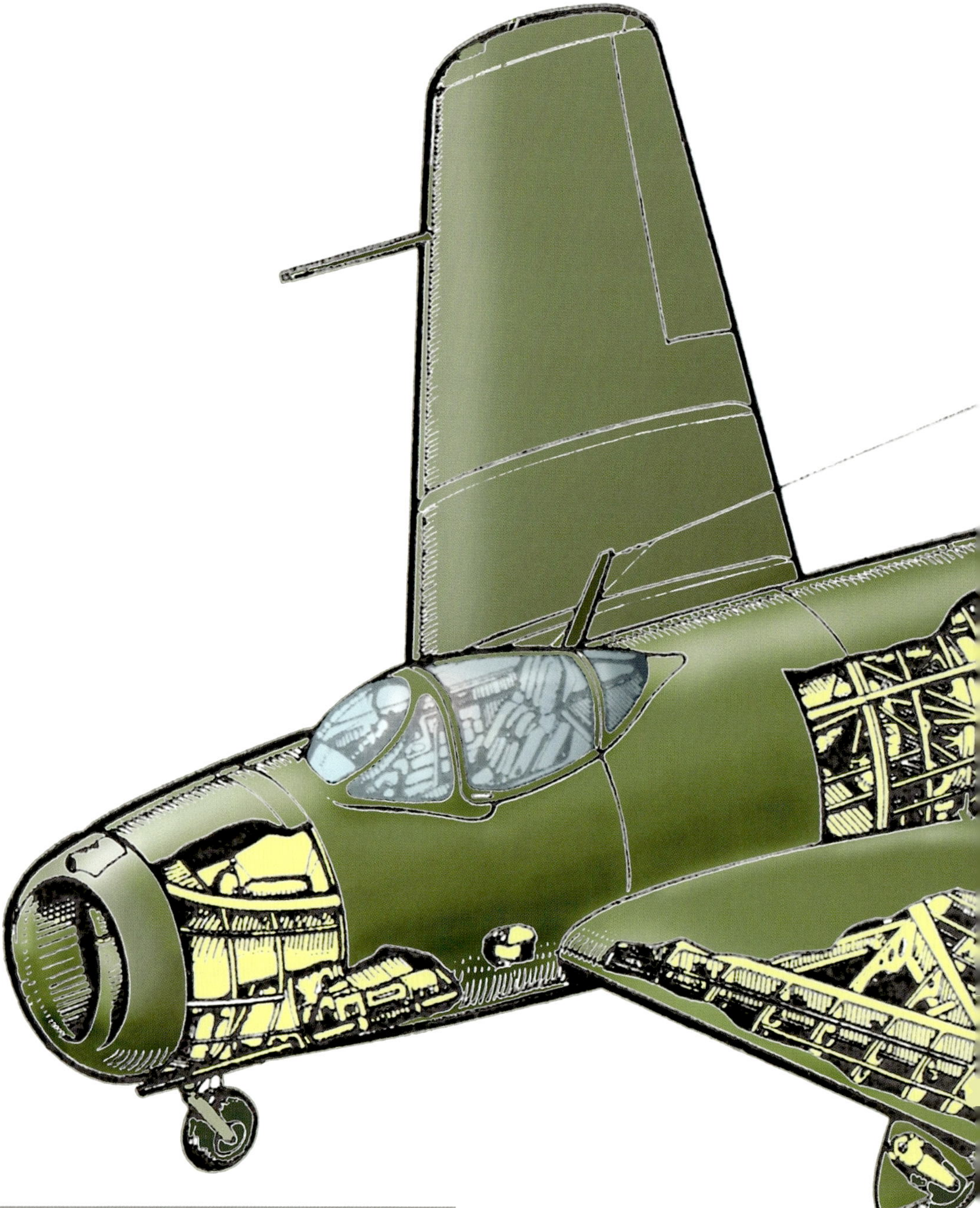

Die MiG-17 stellte die Weiterentwicklung der MiG-15 dar, ihre Tragflügel besaßen eine größere Pfeilung, das Triebwerk erhielt später eine Nachbrennerstufe. Sie galt als robustes und gleichermaßen zuverlässiges Flugzeug.

benmotorjägern identisch und unterschieden sich von diesen hauptsächlich durch das Vorhandensein eines Strahltriebwerks und einer damit verbundenen hohen Unterschallgeschwindigkeit. Die Hauptbewaffnung stellten Maschinengewehre und Kanonen dar, ergänzt um die Option zum Einsatz ungelenkter Raketen.

Seit Anfang der 1950er Jahre wurden die strahlgetriebenen Jäger der ersten Generation nach und nach durch Jagdflugzeuge der zweiten Generation ersetzt, die sich durch Überschallgeschwindigkeit, die Ausrüstung mit einem Bordradar und den Einsatz von Lenkflugkörpern neben den vorhandenen Rohrwaffen auszeichneten.

In der UdSSR wurde der Frontjäger MiG-19 (SM-9) zum ersten in Serie gefertigten Typ der zweiten Generation. Seine Entwicklung wurde in Übereinstimmung mit dem Dekret des Ministerrats der UdSSR Nr. 2181-887 vom 15. August 1953 durchgeführt. Mit diesem Dekret wurde der Auftrag an Mikojan bestätigt, einen Überschall-Frontjäger in zweimotoriger sowie einmotoriger Version zu entwickeln, zu bauen und zu testen.

Die Flugerprobung mit der zweistrahligen MiG-19 wurde mit dem Erstflug am 5. Januar 1954 eingelei-

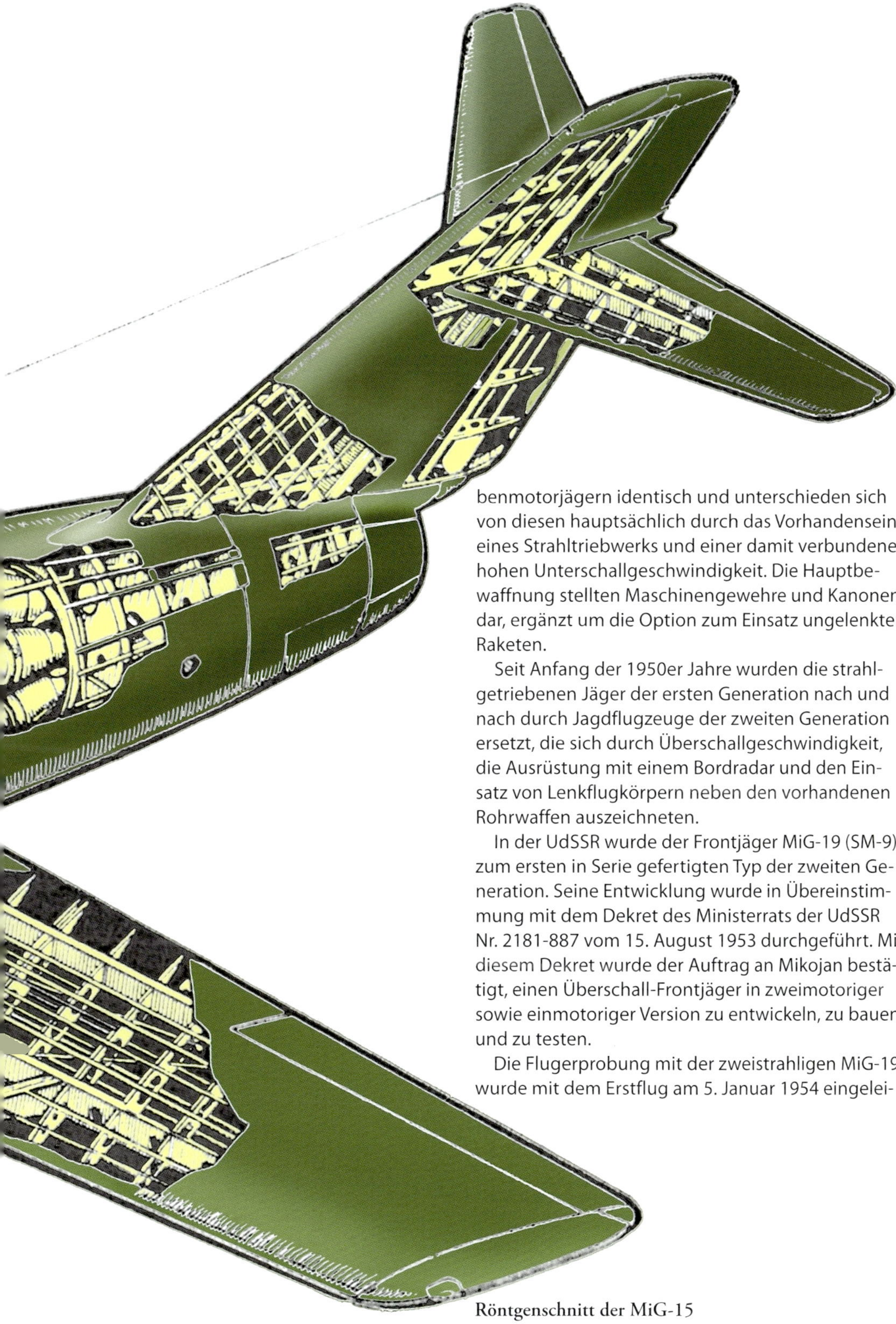

Röntgenschnitt der MiG-15

MiG-17 der sowjetischen Luftstreitkräfte.

tet. Als Antrieb dienten zwei neuartige AM-9B-Triebwerke mit jeweils 31,9 kN Schubkraft im Nachbrennerbetrieb. Eigentlich verlief die Erprobung der MiG-19 parallel zu den Eignungstests der Triebwerke, die immer wieder Fehlfunktionen hatten und ersetzt werden mussten.

Die Werkserprobung fand am 12. September 1954 ihren Abschluss und das Flugzeug wurde für die staatlichen Abnahmetests dem Forschungsinstitut der Luftstreitkräfte übergeben. Bemerkenswert ist, dass bereits während der Werkserprobung das Dekret des Ministerrats der UdSSR Nr. 286-133 vom 17. Februar 1954 zur Serienproduktion der MiG-19 verabschiedet wurde. Man zeigte sich von der Leistungsfähigkeit des Überschalljägers beeindruckt, schon im März wurden 1400 km/h im Horizontalflug erreicht. Zum Schluss betrug die Gesamtstückzahl schätzungsweise 6500 Exemplare. Hier muss aber darauf hingewiesen werden, dass die einheimische Produktion der MiG-19 rund 2000 Maschinen ausmachte und der große Rest vor allem aus chinesischen Lizenzbauten und deren Derivaten bestand.

Die MiG-19 wurde in Ganzmetallbauweise hergestellt und verfügte über ein Tragwerk in Mitteldeckeranordnung. Um den Luftwiderstand zu reduzieren und das Verschieben der Längsstabilität zu begrenzen, verwendeten die Konstrukteure eine Flügelpfeilung von 55 Grad und auf jeder Seite einen großen Grenzschichtzaun. Hinzu kamen stark gepfeilte Höhenflossen, die aufgrund einer geringen Wirksamkeit bei bestimmten Manövern modifiziert und danach voll beweglich ausgelegt wurden. Die Avionikausrüstung ermöglichte die Durchführung von Kampfeinsätzen bei Tag und Nacht und unter allen meterórolgischen Bedingungen. Die beiden Nachbrennertriebwerke AM-9B, später RD-9B genannt, befanden sich im hinteren Rumpfabschnitt und erhielten ihre Luftzufuhr wie schon die Vorgänger über einen zentralen, im Rumpfbug befindlichen starren Lufteinlass. Neben dem intern untergebrachten Kraftstoff konnten Zusatztanks unter dem Tragwerk mitgeführt werden, zur Verkürzung der Landestrecke diente ein Bremsschirm.

In großer Höhe kam die MiG-19 auf 1452 km/h, sie erreichte eine Dienstgipfelhöhe von 17.900 m und eine Reichweite von 1390 km, mit externen Zusatztanks sogar 2200 km. Innerhalb von 1,1 min konnte sie auf 10.000 m Höhe steigen. Die Bewaffnung unterschied sich von Version zu Version. So hatte die MiG-19S drei 30-mm-Kanonen NR-30 mit einer Kadenz von 900 Schuss pro Minute als fest instal-

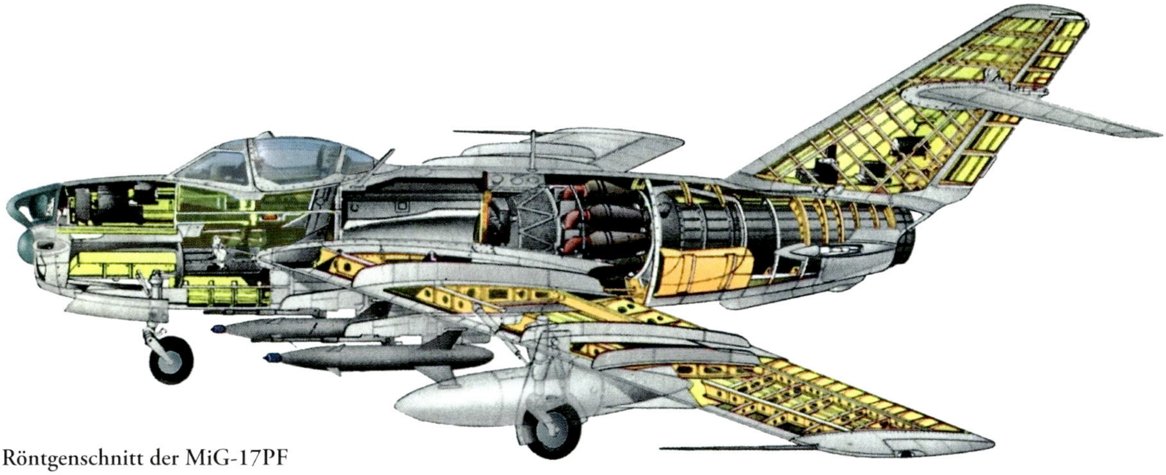

Röntgenschnitt der MiG-17PF

lierte Bordbewaffnung und konnte bei Bedarf noch Bomben oder Abschussbehälter mit ungelenkten 57-mm-Raketen mitführen. Dagegen war der Allwetterabfangjäger MiG-19PM mit bis zu vier gelenkten Luft-Luft-Raketen bewaffnet und ohne Bordkanonen. Das Flugzeugradar ermöglichte die Zielerkennung aus einer Entfernung von sechs bis 10 km.

Die Serienmaschinen nahmen im März 1955 ihren Dienst bei den Jagdfliegerregimentern auf, in einer Zeit, als man im MiG-Konstruktionsbüro bereits die Blaupausen für ein neues Frontjagdflugzeug, der späteren MiG-21 erstellte. Manche Experten rechnen dieses legendäre Flugzeug zur dritten Generation, weil es eine hohe Überschallgeschwindigkeit erreichte, eine zeitgemäße Avionik sowie eine hauptsächlich aus Lenkraketen bestehende Bewaffnung besaß.

Vorstudien zur Entwicklung dieses Flugzeugs wurden bei MiG seit den frühen 1950er Jahren betrieben. Die Konstrukteure hatten die Aufgabe,

Hinter dem Einlaufkegel im Lufteinlass sowie der vorgezogenen Oberlippe waren die Antennen des „Isumrud“-Such- und Zielradars untergebracht.

Jagdflugzeuge MiG-19PM und MiG-17PF, im Vordergrund gelenkte Luft-Luft-Raketen RS-1 und RS-2.

einen leichten Überschall-Frontjäger mit minimaler Zellengröße zu entwickeln, der mit einem neuen und ebenfalls leichten AM-11-Triebwerk ausgestattet werden sollte. Gegenüber zweistrahligen Mustern sollte das zu entwickelnde Flugzeug einen deutlichen wirtschaftlichen und einsatztaktischen Vorteil in Bezug auf Gewicht und den Kraftstoffverbrauch pro Einsatz haben sowie die Fähigkeit besitzen, von wenig vorbereiteten Flugplätzen zu operieren.

Am 9. September 1953 erließ der Ministerrat eine Resolution, in der die Aufgabe konkretisiert wurde: Es galt, einen Frontjäger mit dem AM-11-Triebwerk zu bauen sowie ein deltaförmiges Tragwerk einzubeziehen.

Bekanntlich hat ein Deltaflügel ungefähr die gleichen aerodynamischen Eigenschaften wie ein gepfeilter Flügel. Die im Dekret vorgesehene Verwendung eines Deltaflügels wurde damit erklärt, dass er leichter und steifer ist als ein Pfeilflügel (bei den gleichen Parametern beträgt die Masse eines Deltaflügels 8-11 % der Masse des Flugzeugs, für einen gepfeilten Flügel beträgt dieser Wert 12-15%). Außerdem ist es aufgrund der größeren Sehnenlänge an der Wurzel des Deltaflügels möglich, die relative Dicke des Profils gering zu halten. Natürlich hat der Deltaflügel auch seine Nachteile, mit denen Flugzeugkonstrukteure Anfang der 1950er Jahre noch zu kämpfen hatten. Da bei MiG entsprechende Erfahrungen in der Konstruktion von Flugzeugen mit Deltaflügel fehlten, beschloss man die Entwicklung von zwei Ausführungen – eine mit Delta- und eine mit Pfeilflügeltragwerk. Eine Bewertung und die Auswahl der besseren Variante sollten schließlich mit der kommenden Flugerprobung aufgezeigt werden.

Wie es oft bei der Konstruktion von Flugzeugen mit neuen Triebwerken der Fall war, wurden aufgrund der technischen Schwierigkeiten mit dem AM-11 in den Prototypen zunächst Triebwerke vom Typ AM-9 als Antrieb verwendet. Es folgte der Bau von zwei Paar Versuchsflugzeugen: E-2 und E-2A mit einem Pfeilflügel sowie E-4 und E-5 mit einem Deltaflügel, beide Varianten übrigens mit einer Vorderkantenpfeilung von 57 Grad.

Der Erstflug der E-2 mit dem AM-9-Triebwerk fand am 14. Februar 1955 statt, am 17. Februar 1956 hob die E-2A mit dem AM-11-Triebwerk erstmals ab. Der Prototyp des E-4-Flugzeugs mit Deltaflügel und RD-9-Triebwerk flog am 16. Juni 1955 erstmals, das E-5-Flugzeug mit dem AM-11-Triebwerk nahm am 9. Januar 1956 die Flugerprobung auf. Am 24. August 1956 flogen die Versuchsmaschinen E-2A und E-5 erstmals zur Luftparade in Tuschino und wurden hier der Öffentlichkeit präsentiert.

Aufgrund der Ergebnisse der umfangreichen Flugerprobung fiel die Entscheidung zugunsten des Deltaflügels aus. Der Deltaflügler erhielt die Typenbezeichnung MiG-21 und ging im Werk Nr. 31 in Tbilisi in den Serienbau, noch 1957 wurden zehn dieser Flugzeuge hergestellt. Im Einklang mit der Resolution des Ministerrats der UdSSR Nr. 831-398 vom 24. Juli 1958 folgte der Bau von E-6-Entwicklungsflugzeugen mit dem nun R-11F-300 genannten Triebwerk, die praktisch zur Serienausführung der MiG-21 führten. Das R-11F-300 hatte einen Startschub von maximal 56,37 kN im Nachbrennerbetrieb und sorgte für gute Flugeigenschaften. Es war eine zweistufige Turbine mit zwei Wellen und einem sechsstufigen Axialverdichter sowie zehn einzelnen, ringförmig angeordneten Brennkammern.
Um die Luftzufuhr für das Triebwerk entsprechend dem jeweiligen Flugregime anzupassen, erhielt der Lufteinlass im Rumpfbug einen verstellbaren Konus.

Die erste als E-6/1 bezeichnete Maschine flog noch vor dem oben aufgeführten Dekret am 16. Mai 1958 zum ersten Mal, stürzte aber während des siebten Fluges am 28. Mai ab. Die folgenden Prototypen E-6/2 und E-6/3 wurden am 26. August bzw. 20. November desselben Jahres zur Werkserprobung überführt.

Die MiG-19, hier in der ausschließlich mit Lenkraketen bewaffneteten Baureihe PM, war der erste sowjetische Überschalljäger, der in den Serienbau überführt und im regulären Dienst der Luftstreitkräfte verwendet wurde.

Jagdflugzeug Mikojan-Gurewitsch MiG-21

Mikojan-Gurewitsch MiG-21

Bis Dezember 1959 wurden die E-6/2 und die E-6/3 gemeinsamen staatlichen Tests unterzogen, nach deren Ergebnissen das Flugzeug zum Start in eine Massenproduktion empfohlen wurde. Es erhielt die Bezeichnung MiG-21F und demonstrierte hohe Leistungen. In großen Höhen wurden 2125 km/h und in Bodennähe 1100 km/h Maximalgeschwindigkeit erreicht, die Dienstgipfelhöhe betrug 19.000 m und die praktische Reichweite 1520 km.

Die MiG-21F sowie die zahlreichen Weiterentwicklungen hatten einen Rumpf von beinah kreisförmigen Querschnitt, der in Halbschalenbauweise hergestellt wurde. Im vorderen Abschnitt befand sich das Cockpit, ausgestattet mit einem Schleudersitz und Druckbelüftung. Neben dem Deltaflügel waren auch die Höhenflossen mit 55 Grad sowie das Seitenleitwerk mit 60 Grad stark gepfeilt, zur zusätzlichen Stabilisierung im Flug erhielt das Flugzeug unter dem Heck einen Falschkiel. Das einziehbare Dreipunktfahrwerk besaß Buganordung und verfügte an allen drei Baugruppen über je ein Rad. Verschiedene Geräte der Funk-, Radar- sowie Instrumentenausrüstung

MiG-21PF in den Farben der vietnamesischen Luftwaffe und ausgestellt im Museum der U.S. Air Force in Dayton, Ohio.

ermöglichten es dem MiG-21-Piloten, einen Gegner in großer Entfernung zu erkennen, Führungsbefehle zu empfangen und das Ziel in bis zu 10 km zuverlässig zu treffen. Die Kanonen- und Raketenbewaffnung war je nach Version verschieden. Grundsätzlich bestand sie aus ein oder zwei 30-mm-Kanonen, die sich in der Mitte des unteren Rumpfsektors befanden. Zwei bis vier externe Stationen unter dem Tragwerk nahmen Luft-Luft-Lenkraketen, Bomben verschiedenen Kalibers oder Kassetten mit ungelenkten Raketen auf.

Zweisitzige MiG-21UM dienten viel Jahre als Kampftrainer.

Ab 1964 wurde die Baureihe MiG-21PFM produziert, die sich durch das Grenzschichtbeeinflussungssystem SPS auszeichnete und mit diesem Landegeschwindigkeit und -strecke verringern konnte.

Dreiseitenansicht der MiG-21F-13

CG-Bild einer MiG-21SMT mit vergrößertem Rumpfrücken für eine erhöhte Kraftstoffkapazität.

MiG-21MF mit Zusatztanks unter dem Tragwerk.

Die MiG-21bis stellte die Finalvariante des Deltaflüglers in der Sowjetunion dar.

Die Serienversionen wurden vorwiegend als Abfang- und Luftüberlegenheitsjäger, als taktische Aufklärer, als Trainer sowie zu leichten Angriffsaufgaben auf Bodenziele eingesetzt. Wichtige Baureihen waren die Jäger MiG-21F, M, MF, PF, PFM, SM, SMT und bis, der Aufklärer MiG-21R und die Trainingsflugzeuge MiG-21U, UM, US. Mit den unterschiedlichen Versuchsflugzeugen wie E-33, E-66 und E-76 konnten 17 Geschwindigkeits- und Höhenweltrekorde aufgestellt werden. Recht exotisch mutete die MiG-21I an, auch als 21-11 "Analog" bekannt. In verkleinerter Form testete diese Maschine den Tragflügel des Überschallverkehrsflugzeugs Tupolew Tu-144, der spitzbogenförmig verlief und an der Wurzel einen Pfeilwinkel von 78, danach von 55 Grad erhielt.

MiG-21-Serienflugzeuge wurden von den Flugzeugwerken Nr. 30 in Moskau und Nr. 21 in Gorki hergestellt, zusammen kamen die beiden Betriebe auf eine Produktionsziffer von beachtlichen 10.645 Einheiten. Darüber hinaus wurde die MiG-21 in der Tschechoslowakei (194 Exemplare), Indien (657 Exemplare) und China (etwa 2500 Exemplare) gebaut.

Bei der Aufrüstung der taktischen Bombenfliegerkräfte der Sowjetunion spielte die zweistrahlige Iljuschin Il-28 eine herausragende Rolle. Ein Wegbereiter war ohne Zweifel der im Versuchsstadium verbliebene vierstrahlige Bomber Il-22, für den der Entwicklungsauftrag im Sommer 1946 an das Konstruktionsbüro von Sergej W. Iljuschin übermittelt wurde. Vier Strahltriebwerke Ljulka TR-1 sollten bis zu 800 km/h, im Marschflug noch 750 km/h ermöglichen, mit einer normalen Bombenlast von 2000 kg sollte die Reichweite 1250 km betragen.

Während des Zweiten Weltkrieges war Triebwerkskonstrukteur Archip Ljulka in Tscheljabinsk mit Panzermotoren beschäftigt, doch mit dem Aufkommen strahlgetriebener Kampfflugzeuge aus Deutschland folgte bald die Anweisung, in der Heimat die Arbeit an eigenen Strahltriebwerken wieder aufzunehmen. Dem experimentellen Strahltriebwerk S-18 folgte noch 1945 die Weiterentwicklung TR-1, das vom 24. bis 27. Februar 1947 die staatlichen Testreihen auf dem Prüfstand durchlief. Die einstufige Turbine war mit einer Ringbrennkammer sowie einem achtstufigen Axialverdichter ausgestattet und sollte dem

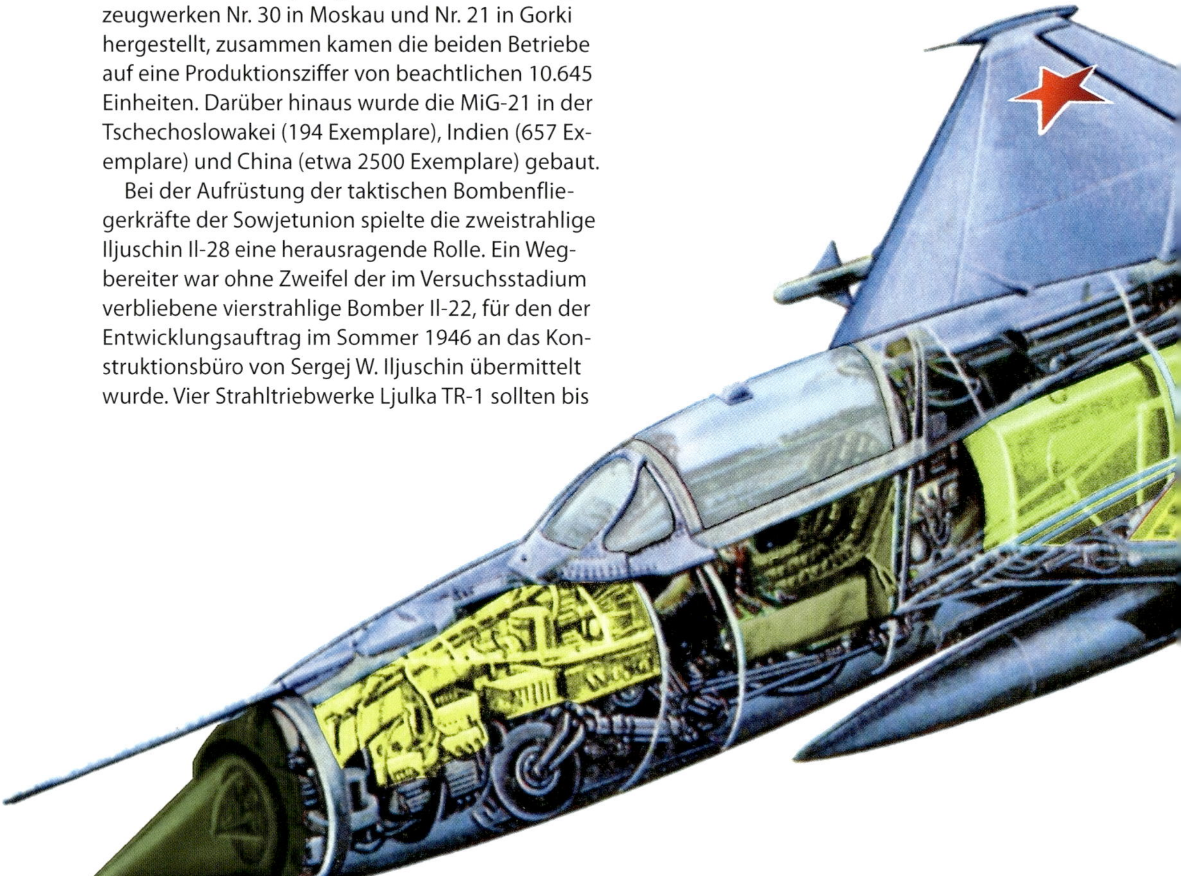

Röntgenschnitt der MiG-21

Antrieb mehrerer neuer Flugzeuge mit Strahlantrieb dienen. Dazu gehörte die Il-22, die nach dem üblichen Schema als freitragender Mitteldecker mit geradem Trag- und Leitwerk konzipiert wurde. Das zweiholmige und zugleich dünne Tragwerk mit einer Profildicke von 12% nahm in vier Gondeln je ein TR-1 auf, an der Flügelwurzel wurde das niedrig tragende Profil ZAGI 1A-10 und an den Enden das hoch tragende Profil ZAGI 1W-10 verwendet. Hier wurden die inzwischen bekannten Strömungsveränderungen, die bei hohen Unterschallgeschwindigkeiten an ungepfeilten Tragflächen auftraten, beachtet. Die Konstruktion erlaubte zugleich eine brauchbare Seitenstabilität während des Fluges mit hohen Anstellwinkeln. Das Leitwerk erhielt mit neun Prozent eine noch dünnere Profildicke als die Tragflächen.

Die zweisitzigen Versionen als MiG-21-Kampftrainer waren wichtige Flugzeuge für die sowjetischen Luftstreitkräfte und ihren angehenden Jagdfliegern.

Finalvariante war die MiG-21bis, hier als CG-Bild. Sie selbst verkörperte die vierte Generation des legendären Jagdflugzeugs und beendete die Serienproduktion im Ursprungsland nach 10.645 Exemplaren.

Iljuschin Il-22

Der Ganzmetallrumpf des Flugzeugs hatte im Querschnitt die Form eines horizontalen Ovals. Diese Form ermöglichte eine relativ einfache Unterbringung wie etwa der fünfköpfigen Besatzung. Die Plätze der beiden nebeneinander sitzenden Piloten, des Navigators/Bombenschützen und des Funkers befanden sich in der großzügig verglasten Rumpfnase, während sich der Arbeitsplätz des Bordschützen für die Heckbewaffnung in einer separaten Kabine an der Wurzel des Seitenleitwerks befand. Im Rumpf war ferner der gesamte Kraftstoff in drei Tanks untergebracht und überstieg den kolbenmotorgetriebener Bomber für die ungefähr gleiche Reichweite. Das Flugzeug besaß eine starke Abwehrbewaffnung. Zum Schutz vor Angriffen aus der vorderen Hemisphäre war die steuerbordseitig am Vorderrumpf angebrachte NS-23-Kanone vorgesehen und konnte vom Bordkommandanten abgefeuert werden. Ein Zwillingsgeschütz B-20E im oberen beweglichen Turm konnte einen 360 Grad-Bereich abdecken und wurde vom Funker in Fernsteuerung bedient. Schließlich gab es noch den bereits erwähnten Heckstand Il-KU-3 von Iljuschin mit einer NS-23-Kanone.

Die Entwicklungsarbeiten und der Bau eines Prototyps schritten zügig voran und bereits am 24. Juli 1947 erhob sich das Flugzeug zum ersten Mal in die

Flugzeugkonstrukteur Sergej Wladimirowitsch Iljuschin (1894-1977)

Die reichlich verglaste und zugleich verstrebte Bugpartie der Il-22.

Luft. Einen Monat später wurde es zur Luftparade in Tuschino vorgeflogen.

Testpiloten lobten die Kunstflugqualitäten der Il-22, der Start war unkompliziert und das Flugzeug verhielt sich im Horizontalflug normal und ausgeglichen. Schwachpunkt der Il-22 waren ihre Triebwerke. Ihr Schub brachte nicht mehr als 12,75 kN, obwohl knapp 16 kN berechnet worden waren. Unzureichender Triebwerksschub sowie ein höherer Kraftstoffverbrauch als ursprünglich veranschlagt, verursachten eine lange Startstrecke, eine relativ kurze Reichweite von 865 km sowie eine Höchstgeschwindigkeit von 718 km/h in 7000 m Höhe. Hinzu kam eine geringe Laufzeit der Triebwerke von höchstens 20 Stunden und die Begrenzung der Startmasse, um überhaupt halbwegs brauchbare Leistungen zu erzielen. Aufgrund dieser und anderer Nachteile folgte der Entschluss, den Bomber nicht in die staatliche Erprobung zu schicken und das Versuchsprogramm

Dreiseitenansicht der Il-22

1948 zu beenden. Eine zweistrahlige Weiterentwicklung Il-24 mit stärkeren Triebwerken verblieb in der Projektphase, ließ aber das Konzept eines neuen Frontbombers im OKB Iljuschin reifen.

Der Bomber, der die Bezeichnung Il-28 erhielt, wurde für eine Bombenlast von normal 1000 kg, maximal 3000 kg sowie eine reduzierte dreiköpfige Besatzung entworfen. Die bestand aus Pilot, Navigator sowie Funker/Bordschütze. Bei der Entscheidung, den Kopiloten aufzugeben, ließen sich die Konstrukteure von Folgendem leiten:

Zunächst wurde die relativ kurze Flugdauer des Frontbombers berücksichtigt, die bei einer Marschgeschwindigkeit von 650 ... 750 km/h im Durchschnitt zwei bis 2,5 Stunden ausmachte und vier Stunden nicht überschritt. Die Arbeit des Piloten sollte im Marschflug durch den Einbau eines Autopiloten weiter erleichtert werden. Darüber hinaus hatte die Flugerprobung mit der Il-22 gezeigt, dass die angenommene Anordnung der oberen, fernbedienten Abwehrbewaffnung erhebliche Mängel im Zusammenhang mit einem eingeschränkten Sichtfeld auf das Ziel ergaben und folgerichtig weggelassen werden konnte. Wesentlich effektiver gestaltete sich die Verwendung der im Heck befindli-

Eine Sprengbombe unter dem geöffneten Bombenschacht der Il-22.

Frontbomber Iljuschin Il-22

Der Prototyp zeigt hier gut die Anordnung der Strahltriebwerke auf.

chen Kanonen als Abwehrbewaffnung, obere und hintere Hemisphere konnten die wahrscheinlichsten Richtungen eines Angriffs durch gegnerische Flugzeuge gut abdecken und das Flugzeug zuverlässig schützen. Das weggelassene Abwehrgeschütz half Masse einzusparen, was auch durch die Reduzierung des Luftwiderstands einschließlich der Verwendung eines runden Rumpfquerschnitts erreicht werden konnte. Der Hochdeckertragflügel hatte eine gerade Vorderkante, aber ein völlig anderes Layout als bei der Il-22. Er ermöglichte eine hohe Unterschallgeschwindigkeit, ohne Stabilität und Steuerbarkeit signifikant zu beeinträchtigen und gleichfalls gute Start- und Landeeigenschaften.

Iljuschin Il-28 und Tupolew Tu-14

Zur Erreichung hoher Fluggeschwindigkeiten waren die Leitwerksflossen am Heck gepfeilt und schufen zusammen mit den anderen Komponenten des Flugzeugs eine hohe aerodynamische Güte. Gleichzeitig waren linke und rechte Tragfläche in eine obere und untere Hälfte aufgeteilt, die alle Strukturelemente des Längs- und Quersatzes mit Stringer und Rippen enthielten und mittels hochwertigem Pressnietverfahren hergestellt wurden.

Unter Berücksichtigung der Besonderheiten der neuen technologischen Methode wurde auch das Rumpfdesign des Il-28-Flugzeugs entworfen, dass erstmals in der Praxis des heimischen Flugzeugbaus offene Ansätze für alle Elemente der Rumpfstruktur vorsah und es möglich machte, verschiedene Geräte und Systeme schnell und mit hoher Produktivität zu montieren. Dies wurde durch die Einführung eines technologischen Längsverbinders praktisch über die gesamte Länge des Rumpfes erreicht, der den Flugzeugrumpf in zwei Halbzylinder teilte und einen unkomplizierten Zugang zur internen Ausrüstung ermöglichte. Der Längsverbinder des Rumpfes wurde durch drei Querverbinder ergänzt, die zudem eine Verkabelung direkt zu den separaten

Frontbomber Iljuschin Il-28

Il-28 in der Seitenansicht. Beachtenswert die gerade Vorderkante des Tragwerks und die gepfeilten Leitwerksflossen.

Ausrüstungskammern des Rumpfes gewährleistete. Außerdem hatte der Rumpf des Flugzeugs rechts und links seitliche Kanäle, die von außen verschlossen waren. Die Kanäle beherbergten alle Elektrik-, Hydraulik-und Luftleitungen. Durch diese Kanäle konnte die Verkabelung und der Austausch ausgefallener Komponenten vereinfacht werden, was wiederum die Zeit für die Flugvorbereitung verkürzte. Mit den neuen technolgischen Methoden ergab sich nur eine geringe Gewichtszunahme (ca. 4%) der Flugzeugstruktur, gleichermaßen konnte der Arbeitsaufwand bei der Herstellung der Flugzeugzelle um 25 bis 30% verringert werden. Somit war der herstellungsbedingte Aufwand der Il-28 mit einigen Jagdflugzeugen durchaus vergleichbar.

Der Entwurf der Il-28 wurde am 12. Januar 1948 genehmigt. Zu diesem Zeitpunkt arbeitete das für Bombenflugzeuge gleichfalls bekannte OKB Tupolew als Nestor im sowjetischen Bomberbau bereits seit einem Jahr an einem ähnlich gearteten Entwurf "73". Ausgelegt als taktischer Höhenbomber, besaß dieses Konzept zwei Nene-Strahltriebwerke, dem während der Entwurfsarbeiten ein drittes Triebwerk vom Typ Derwent V im Heck hinzugefügt wurde. Dieses sollte vor allem während des Starts oder im Notfall zum Einsatz kommen.

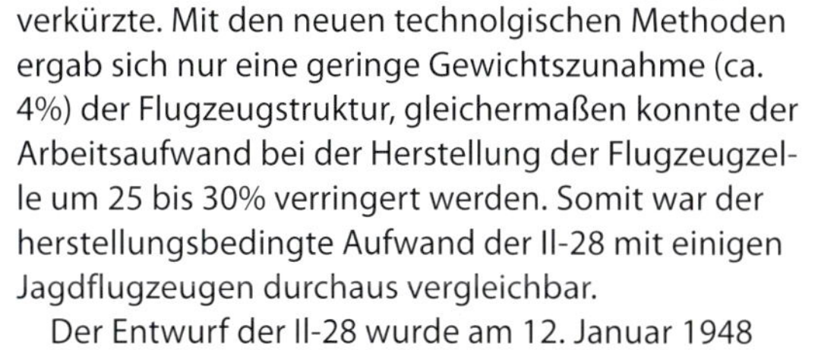

Gefordert waren eine Geschwindigkeit von 850 km/h, eine Reichweite von 3000 km sowie eine Bombenlast von 3000 kg.

Trotz der Präsenz eines so starken Konkurrenten beschloss Sergej Iljuschin, in Eigeninitiative die Arbeiten an der Il-28 fortzuführen und einen Prototyp zu bauen. Kurz bevor der erste Prototyp der Il-28 aus der Montagehalle rollte, erfolgte die Zustimmung des Ministeriums der Luftfahrtindustrie und die Aufnahme in den Plan zum Bau von Versuchflugzeugen. Der Erstflug des Il-28-Prototyps erfolgte am 8. Juli 1948. Laut Testpilot Wladimir K. Kokkinaki verhielt sich das Flugzeug in allen Lagen stabil, auch bei niedrigen Geschwindigkeiten war das Verhalten der Versuchsmaschine normal und die Tendenz zum Absacken trat nicht auf. Bei der Werkserprobung mit Nene-Triebwerken konnte in 5000 m Höhe eine Maximalgeschwindigkeit von 833 km/h verbucht werden.

Ab 30. Dezember 1948 fand die Werkserprobung mit RD-45F-Triebwerken ihre Fortführung, ebenso wurden die von Februar bis April 1949 durchgeführten staatlichen Tests mit diesen Triebwerken

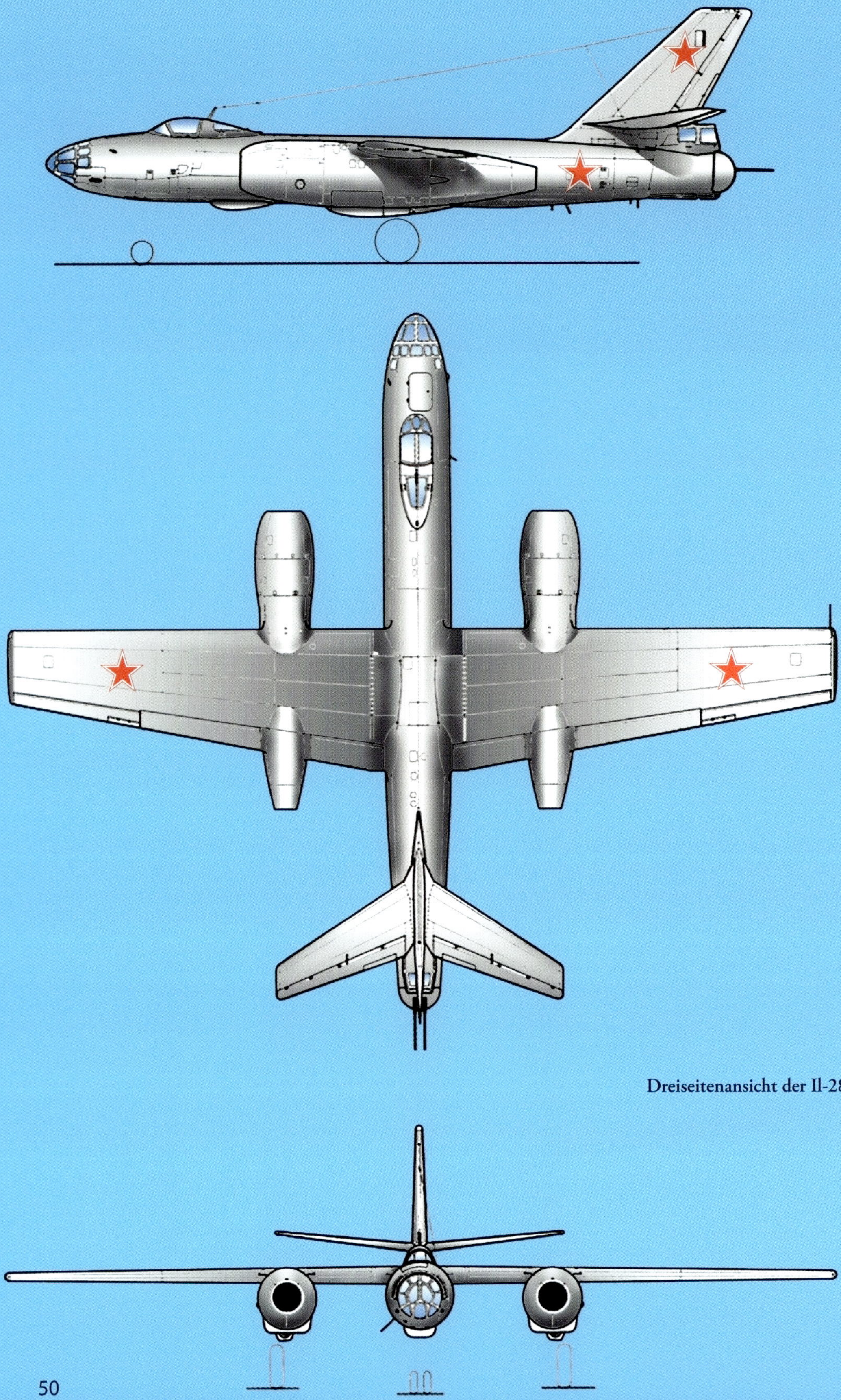

Dreiseitenansicht der Il-28

Die Il-28 war in der Sowjetunion ein wichtiger Schritt beim Bau strahlgetriebener taktischer Bomber, hier Frontbomber genannt. Mehr als 6300 Exemplare wurden in vier Herstellerwerken gebaut.

absolviert. Die Erprobung der Il-28 verlief erfolgreich. Natürlich waren auch die Testergebnisse des Konkurrenzentwurfs "73" bekannt, das mit dem Einbau von WK-1-Triebwerken wieder zweistrahlig ausgelegt wurde. Nun stellte sich die Frage, welches der beiden Bomber in die Massenfertigung gehen sollte. Tatsächlich gab es Intrigen sowie eine aktive Einmischung der Verwaltungsorgane. Letztlich fiel die Entscheidung zu Gunsten Iljuschins, verbunden mit dem dringlichen Wunsch, ebenfalls die leistungsstärkeren und sparsameren WK-1-Triebwerke zu verwenden und damit die Geschwindigkeit der Il-28 zu verbessern.

Der Erstflug der Il-28 mit WK-1-Triebwerken fand am 8. August 1949 statt. Bei einem Abfluggewicht von 18.400 kg erzielte das Flugzeug in 4000 m Höhe eine Geschwindigkeit von 906 km/h, als größtmögliche Reichweite mit einer Bombenlast von 1000 kg wurden 2455 km ermittelt.

Was die Tu-14 betrifft, so endete die nächste Testphase dieses Flugzeugs mit WK-1-Antrieb im Januar 1951. In Bezug auf die Höchstgeschwindigkeit war sie der Il-28 um 57 km/h unterlegen, ihre praktische Gipfelhöhe lag um 1300 m niedriger. Die Steigrate fiel geringer und die Start- und Landeeigenschaften um einiges schlechter aus. Doch noch vor Abschluss der Testreihen „organisierte" Andrej N. Tupolew die Serienproduktion der Tu-14, untermauert von der Empfehlung: „Da es derzeit keinen modernen Hochgeschwindigkeitsbomber gibt, der die Mitnahme von Minen und Torpedos gestattet, wird die Serienproduktion der Tu-14 sowie der Einsatz speziell für die Marinefliegerei auf Flugplätzen mit Start- und Landebahnen von mindestens 2500 m Länge empfohlen." Zu dieser Zeit verfügten die sowjetischen Marineflieger über gerade mal vier solcher Fluplätze. Später, mit dem Ablaufen der Lebensdauer dieser Torpedobomber, wurde die Tu-14 durch Il-28T ersetzt. Diese Version unterschied sich von der Standardvariante der Il-28 durch einen um 2,2 m verlängerten Bombenschacht zur Aufnahme von zwei Torpedos.

Mit dem Ende des Zweiten Weltkrieges benötigten nicht nur die taktischen (Front)Bombenfliegerkräfte, sondern auch die strategischen Bombenfliegerkräfte eine moderne Komponente. Tatsächlich stand diese im Jahr 1945 im Schatten der Frontbomberverbände. Die 18. Luftarmee wurde umorganisiert, nutzte ihre Bomber während der Offensiven der Roten Armee zur Unterstützung der Bodentruppen. Die mit Bombern Il-4 und B-25 ausgerüsteten Luftwaffenregimenter erlitten Verluste und eine hohe Abnutzung. Um die Kampfkraft im Langstreckenbereich wiederzuerlangen, erhielt das OKB Tupolew den Auftrag, einen Langstreckenbomber mit vier Kolbenmotoren zu entwerfen.

Das Konkurrenzmuster von Tupolew wurde als Tu-14 in wesentlich geringerer Stückzahl gebaut und einige Jahre bei fünf sowjetischen Marinefliegerregimentern verwendet.

Mit einem zusätzlichen Cockpit flog die Il-28U als Trainer.

In der Variante Il-28T diente das Flugzeug als Torpedobomber bei den sowjetischen Marinefliegern.

Unter der Projektbezeichnung "64" begannen 1946 die Konstruktionsarbeiten an dem Flugzeug, dass in 6000 m Höhe eine Höchstgeschwindigkeit von 600 km/h erreichen und eine Bombenlast von 5000 kg über eine Entfernung von 3000 km befördern sollte. Noch im selben Jahr wurden die ersten Hellings für den Zusammenbau des Prototyps angefertigt, doch trotz der zügig anlaufenden Arbeiten machte sich in der sowjetischen Führung niemand Illusionen, dass der zu bauende Bomber schnell die Serienreife und den Status eines effizienten Einsatzes erreichen würde. Normalerweise dauerte es drei bis zehn Jahre, um ein neues Muster auf das Niveau eines zuverlässigen und effektiven Kampfflugzeugs zu bringen. In diesem Zeitraum wäre das Flugzeug bereits veraltet und der gesamte Zyklus mit Entwicklung, dem Bau von Prototypen, der Erprobung, anschließenden Modifizierungen, weiteren Testreihen und nochmaligen Änderungen würde sich wiederholen. Für die damalige Zeit war diese Arbeitsweise einfach inakzeptabel. Die USA hatten im August 1945 mit den zerstörten japanischen Städten Hiroshima und Nagasaki die Macht von Atomwaffen demonstriert. Das zwei Wochen nach diesen verheerenden Angriffen in der UdSSR eingesetzte Sonderkomitee unter Führung von Lawrenti P. Beria sollte die Produktion sowjetischer Atombomben bis 1948 sicherstellen, gleichzeitig verfügte man aber nicht über geeignete Trägermittel, über einen geeigneten Langstreckenbomber. Die Lösung des Problems war radikal und kam von Josef Stalin persönlich: Kopieren des neuesten amerikanischen Langstreckenbombers B-29 Superfortress mit all seiner Ausrüstung.

Aus zwei 23-mm-Kanonen bestand die Abwehrbewaffnung im Heck und wurde von einem Bordschützen bedient.

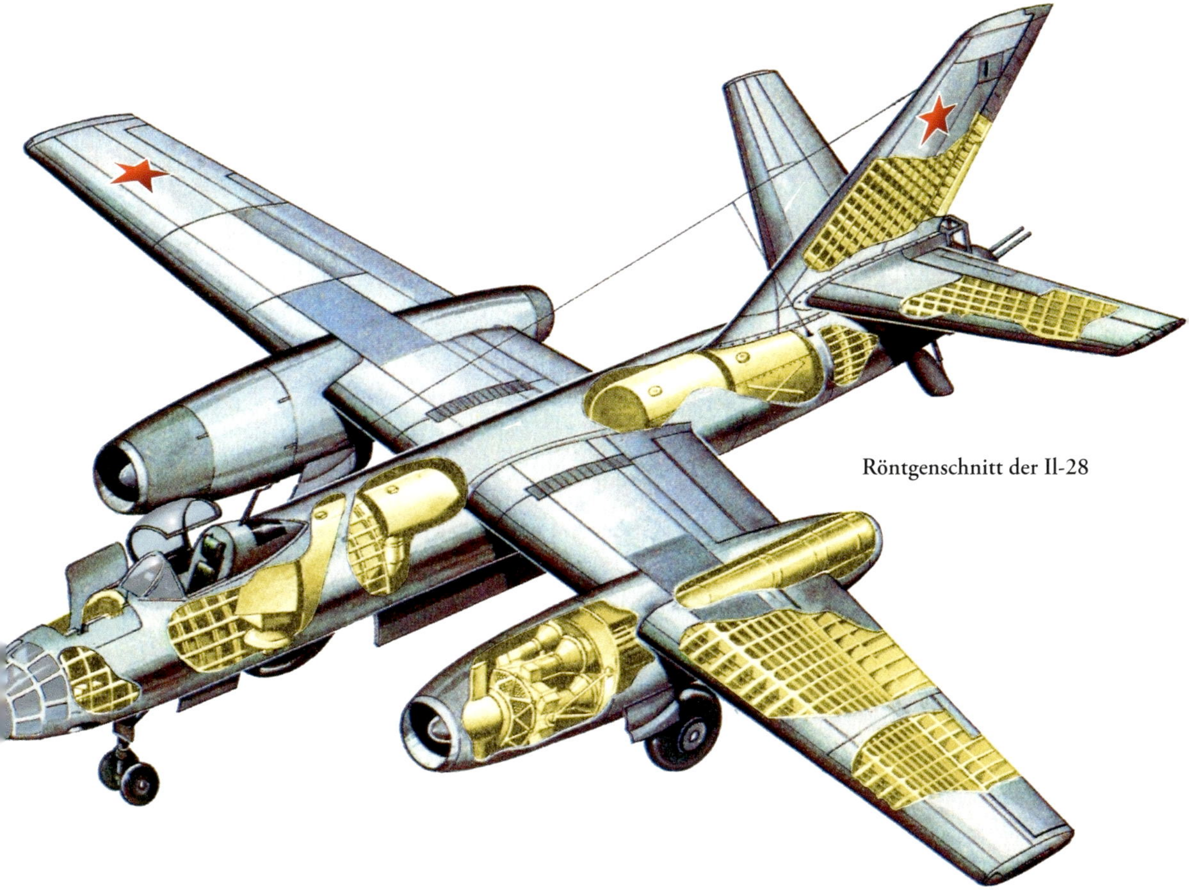

Röntgenschnitt der Il-28

Der allmächtige Beria wurde zum Kurator des Projekts ernannt. Die genaue Reproduktion der B-29 wurde dem Konstruktionsbüro A.N. Tupolew anvertraut, das über solide Erfahrung in der Entwicklung schwerer Flugzeuge verfügte. Um alle für den Bau und den Betrieb notwendigen Unterlagen vorzubereiten, wurde ein Jahr vorgesehen, und der Direktor des Flugzeugwerks Nr. 22 in Kasan sollte innerhalb des nächsten Jahres eine Serie von 20 Flugzeugen gewährleisten.

Der anspruchsvollen Aufgabe spielte die Tatsache in die Hände, das sich während der Kriegsjahre mehrere relativ intakte B-29 auf dem Territorium der UdSSR befanden und mindestens drei (notgelandete) Exemplare von den Sowjets zur genaueren Analyse nach Moskau überführt wurden. Eine davon wurde vollständig zerlegt und alle Baugruppen an spezialisierte Forschungsinstitute, Konstruktionsbüros und Fabriken zur Erstellung von technischen Zeichnungen übergeben. Das zweite Flugzeug diente der Erfassung von Flugeigenschaften sowie der Ausbildung des Flugpersonals. Die dritte Maschine diente praktisch als Referenzmodell.

Der Arbeitsaufwand war enorm. Das Flugzeug bestand aus Hunderten von Komponenten, für die jeweils ein persönlich verantwortlicher Chefkonstrukteur mit einem Team von Ingenieuren und Technikern ernannt wurde. In jedem an der Arbeit beteiligten Ministerium wurden Personen ernannt, die für die Einhaltung der Reproduktionsbedingungen bestimmter Baugruppen verantwortlich waren. Jeder wusste, was mit denen passiert, die die Erfüllung der Aufgaben des Genossen Stalin behinderten, und so ging die Arbeit schnell und ohne viel Bürokratie voran. Dabei wurden hinsichtlich der konstruktiven Lösungen, den neu verwendeten Materialien, der Halbzeuge, der Bordausrüstung, der Technologie zur Herstellung einzelner Komponenten, der gesamten Entwicklung und Serieneinführung des Flugzeugs enorme Sprünge gemacht, die eine Revolution in der sowjetischen Luftfahrt und mit ihr verwandten Industrien darstellte.

Dies ist eine der in der Sowjetunion notgelandeten Boeing B-29 Superfortress.

Tupolew Tu-4

Das neue Flugzeug erhielt die Typenbezeichnung Tu-4 und war wie sein amerikanisches Original ein freitragender Ganzmetall-Mitteldecker. Die zweiholmigen Tragflügel besaßen eine hohe Streckung, waren vom Grundriss her trapezförmig und an der Hinterkante fast gerade. Sie nahmen insgesamt 22 elastische Kraftstofftanks auf. Außerdem konnten bei Bedarf im vorderen Bombenschacht des Rumpfes drei zusätzliche Tanks zur Vergrößerung der Reichweite eingehängt werden. Der in Halbschalenbauweise hergestellte Rumpf wurde in fünf Teile unterteilt: die vordere Druckkabine, den mittleren Teil des Rumpfes, die mittlere Druckkabine, den hinteren Rumpf und die hintere Druckkabine. Die vordere Druckkabine war über einen druckbelüfteten Schacht mit einem Durchmesser von 710 mm mit der mittleren Druckkabine verbunden. Die für diese Zeit moderne Ausrüstung erhöhte die Kampfkraft der Tu-4 erheblich. Beispielsweise ermöglichte ein luftgestütztes Bombenzielradar, Ziele zu jeder Tageszeit und bei allen meteorologischen Bedingungen zu lokalisieren. Mit Hilfe der Automatisierung wurde der optimale Betriebsmodus der Triebwerke

Flugzeugkonstrukteur Andrej Nikolajewitsch Tupolew (1888-1972)

beibehalten, was wiederum für Treibstoffeinsparungen und eine Erhöhung der Flugreichweite sorgte. Besonderes Interesse galt auch der Abwehrbewaffnung. Sie bestand zunächst aus 20-mm-Kanonen B-20, dann aus zehn 23-mm-Kanonen NR-23 (die Verwendung dieser Kanonen anstelle der standardmäßigen 12,7-mm-Maschinengewehre von

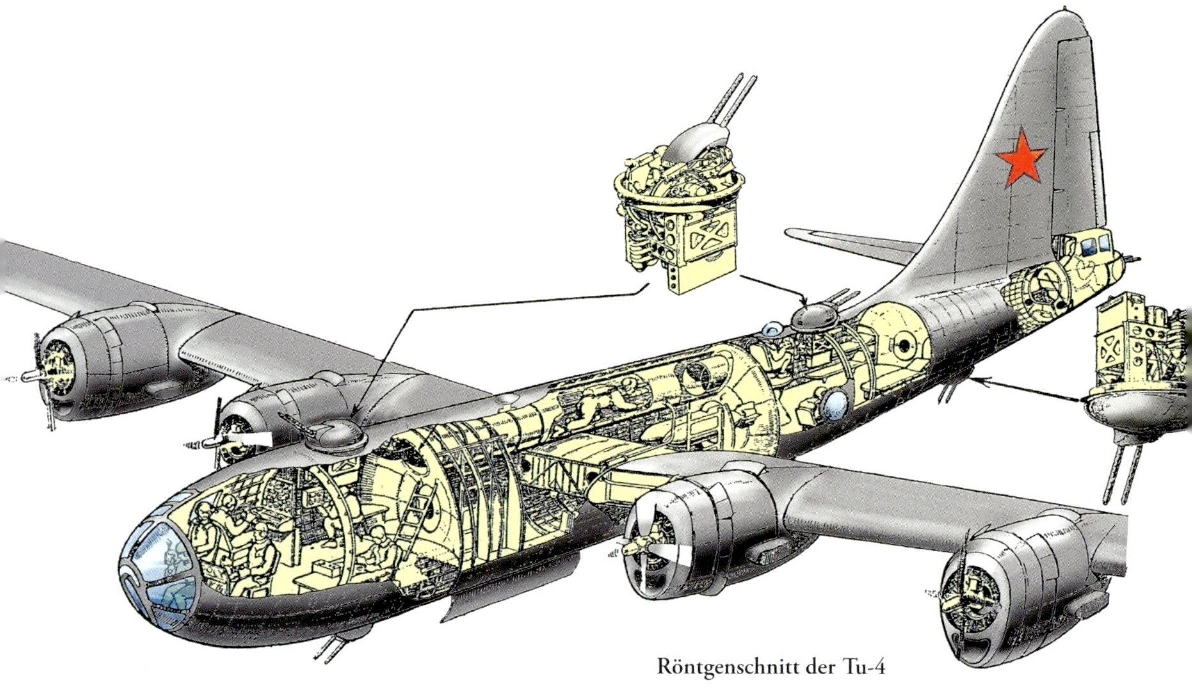

Röntgenschnitt der Tu-4

American Browning ist der einzige Ersatz, dem Stalin zugestimmt hatte). Die Kanonen waren in fünf ferngesteuerten Türmen untergebracht. Gleichzeitig konnte so jede dieser Anlagen von jedem der fünf Schützen, die zur Flugzeugbesatzung gehörten, von seinem Arbeitsplatz aus bedient werden.

Der Bomber war mit vier luftgekühlten, jeweils 1765 kW starken Kolbenmotoren ASch-73TK mit Turboladern ausgestattet. Mit ihnen entwickelte die Tu-4 eine Höchstgeschwindigkeit von 558 km/h, die Reichweite betrug 5100 km, die Dienstgipfelhöhe lag bei 11.200 m. Als normale Bombenlast konnten 6000 kg, maximal 12.000 kg geladen werden. Das konnten mehrere 1000-kg-Bomben oder auch bis zu zwei 6000 kg schwere FAB-6000M-46 sein.

Eigentliche Prototypen der Tu-4 gab es nicht, sodass die erste Serienmaschine am 19. Mai 1947 zu ihrem Erstflug startete. Am 3. August desselben Jahres wurden während der Luftparade in Tuschino drei Tu-4 vorgeflogen.

Die Tu-4 war übrigens das einzige Flugzeug in der Geschichte der sowjetischen Luftfahrt, dessen staatliche Musterprüfung persönlich vom Vorsitzenden des Ministerrats und Minister der Streitkräfte J.W. Stalin genehmigt wurde. Zwei Jahre fanden umfas-

Der Bau der Tu-4 revolutionierte in vielen Bereichen die Luftfahrtindustrie des Landes und sie wurde der erste atomwaffenfähige Bomber der sowjetischen Luftstreitkräfte.

Die Tu-4 wurde bis 1952 hergestellt, der erste Einsatzverband war das 185. Schwere Bombenfliegerregiment in Poltawa,

Bugansicht der Tu-4. Oben ist einer der Abwehrdrehtürme mit einem 23-mm-Zwillingsgeschütz zu erkennen.

Langstreckenbomber Tupolew Tu-4

sende Tests mit 20 dieser Maschinen ihre Durchführung, noch vor deren Ende hatte die Serienproduktion begonnen. Die wurde von den Werken Nr. 22 in Kasan, Nr. 18 in Kuibyschew und Nr. 23 in der Moskauer Region Fili bewerkstelligt. Bis Ende 1949 gab es etwa 300 Tu-4 bei den sowjetischen Fernfliegerkräften und die Gesamtzahl der produzierten Flugzeuge variiert gemäß unterschiedlichen Quellen zwischen 847 und 1296.

Auf der Grundlage der Tu-4 wurden mehrere Modifikationen entwickelt, von denen die vielleicht wichtigste der Atombombenträger Tu-4A war. In dieser Baureihe wurde der Bombenschacht modifiziert, um das Anheben der "Spezialbewaffnung" mit Hilfe von Winden und seine zuverlässige Befestigung mittels eines Schlosshalters mit einem elektrisch gesteuerten Fallantrieb zu ermöglichen. Die Temperaturstabilisierung der "Bombe" erfolgte bei einer Außentemperatur von bis zu -60° C mittels elektrischer Heizung. Die Dateneingabe und Parameterkontrolle fand am Arbeitsplatz des Navigators statt. Äußerlich unterschied sich die Tu-4A von den silberfarbenen Standardflugzeugen durch einen weißen, reflektierenden Anstrich und dem Abschirmen der Kabine inklusive Schutzvorhängen an der Cockpitverglasung. Insgesamt 18 Exemplare der Tu-4A-Baureihe sollen enstanden sein. Eine Atombombe wurde am 18. Oktober 1951 ertsmals von einer Tu-4A über dem Testgelände Semipalatinsk abgeworfen. Am 14. September 1954 wurde eine Tu-4A verwendet,

Zu Anfang der 1950er Jahre hatten zahlreiche Regimenter der sowjetischen Luftstreitkräfte die Tu-4 im Bestand, auch flogen einige Maschinen als Lenkwaffenträger bei der Nord- sowie Schwarzmeerflotte.

um bei kombinierten Übungen der Streitkräfte auf dem Übungsgelände von Totsk eine Atombombe abzuwerfen.

Im Jahr 1953 erhielt die Volksrepublik China 25 Bomber vom Typ Tu-4, die aus den Herstellerwerken Nr. 18 und Nr. 22 stammten und deren Besatzungen von der Sowjetunion ausgebildet wurden.

Der Tu-4-Bomber blieb nicht lange das Haupteinsatzmuster der sowjetischen Fernfliegerkräfte. Arbeiten an der Entwicklung eines strahlgetriebenen Langstreckenbombers als Ersatz für die mit Kolbenmotoren ausgestattete Tu-4 wurden bereits 1948 bei Tupolew gestartet. Hier musste zunächst einiges an Forschungsarbeit zu schweren Kampfflugzeugen mit Strahlantrieb geleistet werden, wobei auch die auftretenden Flugeigenschaften unter Einbeziehung von gepfeilten Tragflächen berücksichtigt wurden. Zugleich sollte der zu entwickelnde Bomber mit hoher Unterschallgeschwindigkeit eine Bombenlast von 6000 kg ins Ziel bringen.

Auf der Grundlage der in den Jahren 1949-1951 erhaltenen Daten entstanden verschiedene Projekte von Langstreckenbombern mit den vorläufigen Bezeichnungen "82", "83", "86" und "87", die aber allesamt aus unterschiedlichen Gründen nicht ins Einsatzkonzept der Fernfliegerkräfte passten. Als erfolgreicher stellte sich das Projekt des Flugzeugs "88" heraus, das von zwei neu entwickelten Strahltriebwerken AM-3 des Konstruktionsbüros von Alexander A. Mikulin angetrieben werden sollte. Bei Serienanlauf des AM-3 im Jahr 1950 war es das stärkste Triebwerk weltweit, leistete einen maximalen Startschub von 85 kN und im nominalen Modus immerhin noch 68 kN. Das Triebwerk war relativ groß. Seine Länge betrug 5380 mm und sein Durchmesser 1470 mm. Deshalb erwies sich die Anordnung der Triebwerke beiderseits des Rumpfes und praktisch in der Flügelwurzel als ansprechendste Variante. Gleichzeitig mussten die Triebwerke in einem bestimmten Winkel installiert werden, um mit dem Abgasstrahl nicht das eigene Flugzeug zu beschädigen. Hierbei entstanden die charakteristischen Aussparungen am Rumpf und die gekrümmten Lufteinlasskanäle.

Ohne einen vorläufigen Bericht zum Projektverlauf des neuen Bombers von Tupolew abzuwarten, erhielt auch das OKB Iljuschin den Auftrag ein ähnliches Flugzeug zu schaffen. Als Il-46 wurden

Als Tu-4K trug der Bomber zwei 95 km weit reichende KS-1-Lenkwaffen unter dem Tragwerk.

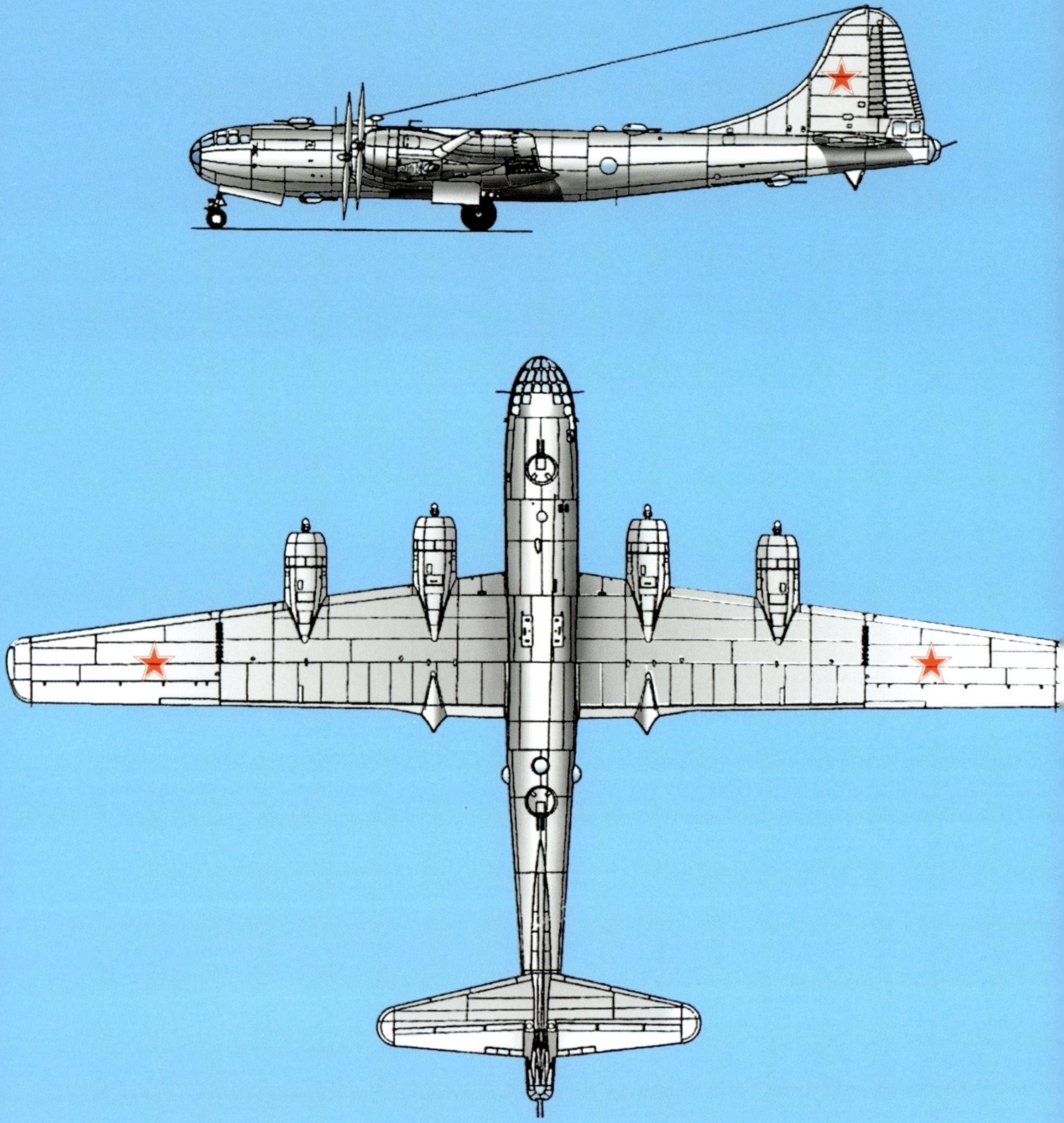

Dreiseitenansicht der Tu-4

eine maximale Bombenlast von 5000 kg mit einer Reichweite von bis zu 5000 km angestrebt. Da Iljuschin nicht über die Erfahrung zum Bau eines solch großen Flugzeugs verfügte, wurde das Konzept der Il-28 als Grundlage ausgewählt und sollte zunächst mit einem geraden Tragwerk, in Weiterentwicklung mit gepfeilten Tragflächen versehen werden.

Der Il-46-Prototyp mit geradem Tragwerk war im März 1952 bereit für die Flugerprobung. Am 3. März absolvierte das Flugzeug seinen Erstflug und bestand die nachfolgende Werkserprobung ohne Probleme. Doch es besaß noch keine Pfeilflügel und der Entwurf des Flugzeugs "88" von Tupolew erschien vielversprechender. Das blieb natürlich auch den Regierungsbeamten nicht verborgen und hatte schon im Vorfeld eine entsprechende Reaktion ausgelöst. Bereits am 10. Juni 1950 wurde die Resolution des Ministerrats der UdSSR Nr. 2474-974 verabschiedet und damit das OKB Tupolew offiziell beauftragt, einen Langstreckenbomber mit zwei Strahltriebwerken Ljulka AL-5 oder Mikulin AM-3 zu bauen. Die taktisch-technischen Anforderungen wurden am 10. Juli 1950 vom Kommando der Luftstreitkräfte bestätigt und der entsprechende Entwurf mit AM-3-Triebwerken am 5. Juli 1951 genehmigt.

Zum Bau des ersten Prototyps "88-1" übermittelte das OKB Tupolew zwischen Februar 1951 und Januar 1952 die notwendigen Baupläne und Zeichnungen an den Versuchsbau. Die fertig gestellte Maschine gelangte am 25. Januar 1952 zum Testgelände Shukowski und unternahm den Erstflug am 27. April. Die Werkserprobung dauerte bis zum 29. Oktober 1952 an, insgesamt wurden 46 Flüge absolviert und dabei eine Geschwindigkeit von 1020 km/h nachgewiesen. Damit übertraf man die ursprünglichen Vorgaben. Die staatlichen Abnahmetests begannen am 13. November 1952 und endeten im März des folgenden Jahres, allerdings mit unbefriedigenden Ergebnissen. Das strukturelle Gewicht fiel zu hoch aus, die vorgesehene Abwehrbewaffnung war noch nicht verfügbar und der Ausrüstung mangelte es an Zuverlässigkeit. Trotzdem war bereits vor Abschluss der staatliche Abnahmetests im Juli 1952 beschlossen worden, den Bomber als Tu-16 im Flugzeugwerk Nr. 22 in Kasan in den Serienbau zu überführen. Damit hatte Tupolew es geschafft, ein bemerkenswertes Flugzeug zu entwickeln und die Konkurrenz aus dem Hause Iljuschin hinter sich zu lassen. In der Zwischenzeit stellte man eine verbesserte Versuchsmaschine her und übergab sie im September 1953 zur staatlichen Erprobung. Nach Beendigung der Testflüge am 10. April 1954 erhielt die Tu-16 eine positive Bewertung und eine Empfehlung zur Einführung in die Bewaffnung der Luftstreitkräfte. Ein entsprechendes Dekret des Ministerrats der UdSSR Nr. 1034-443 folgte am 28. Mai 1954.

Tupolew Tu-16

Hergestellt wurde die Tu-16 in Ganzmetallbauweise, mit zwei Strahltriebwerken und einem einziehbaren Dreipunktfahrwerk in Bugradanordnung. Druckkabinen für die Besatzung gab es im Bug und im Heck des in Halbschalenbauweise gefertigten Rumpfes. Die vordere Kabine war durch eine Luke mit ausziehbarer Leiter erreichbar, der bemannte Abwehrstand im Heck durch einen weiteren, separaten Einstieg. Die Tragflügel waren zweiholmig, an der Vorderkante zunächst um 37 und nach dem ersten Drittel um 35 Grad gepfeilt sowie an der Hinterkante mit Spaltklappen und Querrudern ausgestattet. Die ebenfalls zweiholmigen Leitwerksflossen besaßen einteilige Ruder. Als Triebwerk wurden zunächst zwei AM-3A mit einem Startschub von jeweils 85,8 kN Schub verwendet, die mit einem Turbostarter angelassen wurden. Spätere, nunmehr RD-3M genannte Baureihen des Triebwerks gelangten ab 1958 zum Einbau und leisteten bis zu 93,2 kN Schub. Mit diesen Triebwerken kam die Tu-16 auf eine Höchstgeschwindigkeit von 1050 km/h und erreichte im Marschflug 850 km/h, die Dienstgipfelhöhe betrug 12.300 m. Die Reichweite konnte bis zu 5925 km ausmachen, während mit voller Zuladung und einem maximalen Startgewicht von 79.000 kg ein Einsatzradius von 3150 km erzielt wurde. Für den Antrieb standen in 27 internen Tanks insgesamt 43.800 l Kraftstoff zur Verfügung. Fast alle Tanks funktionierten bei Beschädigung selbstversiegelnd, ausgenommen waren die drei Tanks, deren Inhalt zuerst verbraucht wurde. Neben dem doppelt bereiften Bugrad gab es zwei Hauptfahrwerke mit je vier Rädern, die nach dem Start in die deutlich sichtbaren Tragwerksgondeln einfuhren. Zur Verkürzung der Landestrecke

Dreiseitenansicht der Tu-16

Langstreckenbomber Tupolew Tu-16

war im Heckbereich ein Bremsschirm untergebracht. Die Steuerung des Flugzeugs war doppelt vorhanden und ohne Servorunterstützung, Klappen und Trimmer wurden elektromechnaisch bewegt. Das Ein- und Ausfahren des Fahrwerks, das Öffnen und Schließen der Bombenschachtklappen sowie die Bremsen wurden über ein Hydrauliksystem mit einem Druck von 150 kg/cm^2 gesteuert. Neben dem Sauerstoffsystem für den Druckausgleich in den Besatzungsräumen, das in der Tu-16 erstmals in einem sowjetischen Flugzeug mit flüssigem Sauerstoff betrieben und an Bord in gasförmigen Zustand umgewandelt wurde, standen der Crew individuelle Sauerstoffmasken zur Verfügung. Für ihren Schutz sorgten verschiedene Panzerungen, die bspw. bei den Rückenlehnen der Piloten 18 bis 20 mm und bei den Kopfstützen 15 bis 16 mm ausmachten, beim Stuhl des Navigators waren es sogar 24 mm im Bereich der Rückenlehne.

Die Abwehrbewaffnung bestand aus sieben 23-mm-Kanonen AM-23. Eine davon war fest in der Steuerbordseite des Vorderrumpfes installiert und mit 100 Granaten bestückt. Zwei weitere waren zu je einem Paar in ferngesteuerten Türmen auf und unter dem Rumpf zu finden und mit einem Munitionsvorrat von 500 bzw. 700 Granaten ausgestattet. Die Heckbewaffnung erhielt 1000 Schuss, ein "Argon"-Radarvisier konnte außerdem das Zielen in der hinteren Halbsphäre unterstützen. Ansonsten nutzten die Bordschützen PS-53-Visierstationen zum ferngesteuerten Zielen der Drehtürme. Offensivwaffen bestanden ursprünglich aus Freifallbomben, Minen und Torpedos. Als normale Waffenzuladung galten nicht mehr als 3000 kg und konnte so bspw. aus 24 FAB-100-Sprengbomben bestehen. Bei einer maximalen Bombenzuladung von 9000 kg waren folgende Kombinationen möglich: 24 FAB-250 oder 18 FAB-500 oder sechs FAB-1500 oder zwei FAB-3000 oder eine FAB-9000. Zum Bombenabwurf wurden optische Visiere OPB-11R oder radargesteuerte Zielgeräte wie RBP-4, RBP-6 und Rubin-1A mit größerer Genauigkeit eingesetzt.

Auch die Tu-16 verfügte im Heck über zwei 23-mm-Kanonen zur Selbstverteidigung.

Die Tu-16 zählte zu den bewährtesten und langlebigsten Bombenflugzeugen mit Strahlantrieb.

Die erste Tu-16-Serienmaschine wurde im Werk Nr. 22 in Kasan am 29. Oktober 1953 fertiggestellt. Die Serienproduktion dieses Flugzeugs lief auch im Herstellerwerk Nr. 1 in Kuibyschew sowie Nr. 64 in Woronesch. Bis Produktionsende 1963 wurden insgesamt 1509 Serienflugzeuge gebaut. Dabei gab es elf Hauptserienversionen zuzüglich 40 weitere

Schematische Ansicht der Tu-16, bei der gut die am Rumpf anliegenden Triebwerksschächte zu sehen sind.

Subvarianten der Tu-16, die in den Reparaturbetrieben der Luftwaffe entstanden.

Zu den wichtigsten Modifikationen zählen auszugsweise:

- Tu-16A - als Träger von Atomwaffen, mit klimatisiertem Bombenschacht und Überwachungsgeräten für die "Spezielbewaffnung", in 453 Exemplaren gebaut.
- Tu-16T – Torpedobomber mit bis zu sechs Torpedos 45-54 oder bis zu zwölf Minen, in 76 Exemplaren gebaut.
- Tu-16R – Langstrecken-Aufklärungsflugzeug mit Kameras im vormaligen Bombenschacht sowie weiteren Aufklärungsgeräten, in 70 Exemplaren gebaut.
- Tu-16Z – Tankflugzeug mit Betanken im Flügel-zu-Flügel-Verfahren, 114 Exemplare durch Umrüstung entstanden
- Tu-16KS – Träger von Marschflugkörpern des Typs KS-1 in 107 Exemplaren gebaut sowie Tu-16K-10, Tu-16K-10-26, Tu-16K-10-26B, Tu-16K-11-16, Tu-6K-26, Tu-16KSR-2 als weitere Marschflugkörperträger mit neueren Raketen
- Tu-16 "Jolka" sowie Tu-16P – als Störflugzeuge in 42 bzw. 144 Exemplaren gebaut.

Die Einführung des Langstreckenbombers Tu-16 ermöglichte es den sowjetischen Fernfliegern, die wichtigsten militärischen Einrichtungen auf dem Territorium (West)Europas mit einsatzbereiten Waffen zu erreichen. Für den Betrieb dieser Flugzeuge wurde ein Netz moderner Flugplätze geschaffen, die es ermöglichten, unabhängig von den meteorologischen Gegebenheiten Einsätze durchzuführen und den Gegner zu bekämpfen.

Als die Tu-16-Bomber und die Raketen tragenden Weiterentwicklungen bei den Verbänden der sowjetischen Fernfliegerkräfte ihren Dienst aufnahmen, waren im OKB Tupolew die Arbeiten zu einem überschallschnellen Nachfolger bereits in vollem Gange. Unter der vorläufigen Bezeichnung "105" sollte ein Bomben und Marschflugkörper tragendes Flugzeug in völlig neuem Design entstehen. Die Triebwerke wurden im Heckbereich zu beiden Seiten des Seitenleitwerks platziert. Dadurch konnten die Lufteinlässe kurz gehalten sowie die Wartung und Reparatur der Triebwerke erleichtert werden. Gleichzeitig ermöglichte diese ungewöhnliche Anordnung die Konstruktion eines "sauberen Flügels", bei dem gondelartige Verdickungen lediglich im Mittelteil zur Unterbringung der Hauptfahrwerke dienten.

Die Vollentwicklung zum Flugzeug "105" begann am 15. August 1955, der Bau des ersten Prototyps konnte bis zum Jahresende 1957 abgeschlossen werden. Im nächsten Jahr erhob sich der Prototyp am 21. Juni 1958 zu seinem ersten Flug. Jedoch

Ein Tankflugzeug Tu-16Z versorgt eine Tu-16P, die zur elektronischen Kampfführung dient, mit Kraftstoff.

zeichnete sich bereits vorher ab, dass die "105" die berechneten Eigenschaften wie eine Höchstgeschwindigkeit von bis zu 1550 km/h nicht erreichen würde. Unter Berücksichtigung dieser und weiterer Anforderungen erfolgte eine Überarbeitung des Rumpfes unter Einbeziehung der sogenannten Flächenregel zum Entwurf "105A", der dann am 7. September 1959 zum Erstflug startete. Bevor die Werkserprobung ihren Abschluss fand, erfolgte die Zustimmung zur Serienproduktion des neuen Flugzeugs im Herstellerwerk Nr. 22 in Kasan und die Vergabe der Typenbezeichnung Tu-22. Ein erstes Serienflugzeug flog am 21. Juni 1960 zum ersten Mal und gut ein Jahr später, am 9. Juli 1961, wurden die ersten Maschinen des Typs bei der Luftparade in Tuschino vorgeführt.

Eine CG-Abbildung zeigt eine Tu-16K beim Start eines KSR-2-Marschflugkörpers.

Röntgenschnitt der Tu-16

Tupolew Tu-22

Der Dienstantritt der Tu-22 gestaltete sich wie schon die Erprobung strapaziös. Aufgrund zahlreicher Mängel bei Flugzeug und Antrieb verliefen die Testreihen problematisch, es kam zu zahlreichen Unfällen und Katastrophen. Der Oberkommandierende der Luftstreitkräfte Fliegermarschall Konstantin A. Werschinin berichtete dem Zentralkomitee der KPdSU:

"Die von der Regierung festgelegten Fristen für gemeinsame staatliche Tests konnten nicht eingehalten werden. Die während der Werkserprobung definierten Spezifikationen entsprechen nicht den Vorgaben.

- Höchstgeschwindigkeit - 1450 km/h statt den erhofften 1500-1600 km/h;
- Reichweite im Unterschallmodus - 4700 km statt 5800 km;
- Reichweite bei Überschall - 1950 km statt 2300-2500 km;
- Statische Tests von Flugzeugen mit verstärktem Rumpf etc. wurden noch nicht durchgeführt."

Zweifellos beeindruckte die Tu-22 mit ihrer aerodynamischen Formgebung, zehn Minuten konnte sie im Überschalltempo fliegen.

Die Tu-22 besaß eine hohe Landegeschwindigkeit, die Landestrecke konnte mit Bremsschirmen verkürzt werden.

Dennoch verdankte es Andrej Tupolew seiner gewichtigen Autorität, das die Tu-22 vor Beendigung der vollständigen Testphase 1962 in den Dienst der Fernfliegerkräfte gestellt wurde. Als erstes erhielten drei Bombenfliegerregimenter der 15. Luftwaffendivision das neue Flugzeug. Die Einführung in den Dienst und die Beherrschung der Tu-22 erwies sich als hart und wurde von etlichen Unfällen begleitet. Insgesamt verloren allein die sowjetischen Fernflieger 30 Maschinen zwischen 1960 und 1989 und 44 Menschen ließen dabei ihr Leben.

Die Gesamtstückzahl der bis 1969 produzierten Tu-22 betrug 311 Exemplare. In konstruktiver Hinsicht handelt es sich um einen zweistrahligen Pfeilflügelmitteldecker in Ganzmetallbauweise mit einem einziehbaren Dreipunktfahrwerk. Der Halbschalenrumpf hatte einen fast kreisförmigen Querschnitt und bestand praktisch aus fünf Sektionen:

- Sektion 1 – gemeint ist der Rumpfbug mit Radarinstallation;
- Sektion 2 – die Druckkabine mit den Arbeitsplätzen der drei Besatzungsmitglieder bestehend aus Kommandant/Pilot, Navigator und Bordschütze/Funker;
- Sektion 3 – Fahrwerksschacht für Bugrad plus Rumpfkraftstsofftanks Nr. 1 und Nr. 2, Funkkommunikation und weitere Ausrüstung;
- Sektion 4 - Tragflügelmittelteil mit Kraftstofftanks Nr. 3 und Nr. 4;
- Sektion 5 – mit den Kraftstofftanks Nr. 5, Nr. 6 und Nr. 7, außerdem Bremsschirm, Komponenten des Flugzeugsteuerungssystems, die Triebwerke, Seiten- und Höhenflossen, ferngesteuerter Abwehrstand.

Die Tragflächen der Tu-22 waren mit 52 Grad stark gepfeilt, zweiholmig gebaut und besaßen jeweils einen Grenzschichtzaun auf der Oberseite. Bis zum 35. Serienlos gab es zudem Anti-Flatter-Gewichte an den Flügelenden. Technisch gesehen war der Tragflügel mit Mittelteil, den linken und rechten inneren sowie linken und rechten äußeren Sektionen in fünf Einheiten unterteilt. Hier befanden sich an der Hinterkante die inneren und äußeren Klappen, die bis zu einem Winkel von 35 Grad bewegt werden konnten. Die Seitenflosse wurde zwischen den beiden Triebwerken platziert und die mit 55 Grad wiederum stark gepfeilten Höhenruder als voll bewegliche Flossen ausgelegt. Das dreibeinige Fahrwerk war am Bugrad doppelt und an den Hauptstreben jeweils vierfach bereift, hinzu kam ein elektrisch betriebener, ausfahrbarer Notsporn unter dem Heck. Zwei kreuzförmige Bremsschirme zur Verkürzung der Landestrecke waren im Heck verstaut und wurden bei einer Geschwindigkeit unter 350 km/h ausgestoßen. Um die Startdistanz zu verkürzen, war es möglich, an Halterungen unter dem Rumpf bis zu vier Starthilfsraketen vom Typ SPRD-63 zu montieren. Jede SPRD-63 leistete 15,6 bis 24,5 kN zusätzlichen Schub bei einer Brenndauer von bis zu 18 Sekunden. Der eigentliche Antrieb bestand aus zwei Koljesow-Triebwerken RD-7M2 mit einer Nachbrennerleistung von

Langstreckenbomber Tupolew Tu-22

maximal jeweils 161,8 kN. Diese Triebwerke stellten eine Weiterentwicklung der WD-7M dar, mit denen die frühen Serienmaschinen der Tu-22 bis 1965 ausgerüstet wurden. Sie mussten unter Zuhilfenahme eines Bodengerätes mit Elektrogeneratoren gestartet werden, bei den RD-7M übernahmen diese Aufgabe kleine Gasturbinen der Baureihe TS-29. Die Zielausrüstung des Flugzeugs umfasste ein Rubin-1A-Radarvisier, ein optisches Bombenvisier OPB-15A und die Navigationsausrüstung. Als Lenkwaffenträger nutzte die Tu-22 ein "PN"-Navigations- und Zielradar, das mit dem Zentralrechner ZNWU-B-1B und der Raketenbewaffnung verbunden wurde. Mit der Ausrüstung konnten die Navigation unter schwierigen Bedingungen unterstützt und Kurskorrekturen in den Navigationscomputer sowie Zieldaten in die Lenkung der Raketen eingegeben werden. Auch Freifallbomben fanden beim gezielten Abwurf aus Höhen von 2000 m mit diesen Geräten ihre Unterstützung, gleichfalls bei der Zielkoordination wenig sichtbarer Ziele bis zu einer Flughöhe von 10.000 m.

In der Version als Lenkwaffenträger gestaltete sich die Avionikausrüstung etwas umfangreicher als beim herkömmlichen Bomber. Das Navigations- und Bombenzielsystem umfasste neben dem "PN"-Radar u.a. auch das OPB-15A-Visier, das KS-6A-Kurssystem, Geschwindigkeits- und Höhenkontrollen ZSW-1M, das ZGW-5-Kreiselgerät, das KS-6A-Kurssystem oder den AP-7MT-Autopiloten. Das Zielen der Abwehrbewaffnung im Heck übernahmen das PRS-3 "Argon-2"-Radarvisier sowie das elektrooptische Visier

Der Ausleger auf der Bugnase deutet auf die Nachtankfähigkeit in der Luft hin.

TP-1A. Mit letztgenanntem konnten Ziele in bis zu 3000 m Entfernung erkannt und zwischen 2000 und 400 m Entfernung anvisiert werden. Das PRS-3 wurde bei späteren Flugzeugen durch ein leistungsfähigeres PRS-4-Radarzielgerät ersetzt. Es ermöglichte angreifende Flugzeuge in der hinteren Hemisphäre auf bis zu 7400 m Entfernung zu erkennen (zuvor 6500 m) und per Autotracking ab 5300 m Entfernung (zuvor 3000 m) automatisch zu verfolgen. Die ferngesteuerte Kanonenanlage DK-20 war mit einer 23-mm-Kanone R-23 ausgestattet, die über eine Feuerrate von bis zu 2800 Schuss pro Minute verfügte. Zum Teil kamen modifizierte DK-21-Anlagen zum Einbau, die Kanone konnte auch sogenannte PIKS- und PRL-Störprojektile auf ein ausgemachtes Ziel abfeuern.

Die Offensivbewaffnung der Tu-22 als Bomber bestand aus Freifallbomben, die aus jeweils 100 bis 9000 kg schweren Waffen bestehen konnte. Die normale Bombenlast betrug meistens 3000 kg, mit Überlast waren 12.000 kg möglich. Zur Aufhängung von Bomben im Kaliber 100 bis 500 kg waren vier KD3-22R-Halterungen montiert, für großkalibrige Bomben waren es zwei KD3-105A. Für alle Arten von Spezialbewaffnung sprich Atombomben wurden Träger BD6-105A verwendet.
Folgende Hauptversionen sind bekannt:

- Tu-22A / B - die ersten Baureihen des Flugzeugs, die nur mit Freifallbomben bewaffnet waren;
- Tu-22R / RD - Aufklärerversion, in deren Rumpfschacht Luftbildkameras und automatisch ausstossbare Blitzlichtbomben APP-22 mitgeführt wurden;
- Tu-22RK / RDK - ein Aufklärungsflugzeug mit zusätzlicher elektronischer Aufklärungsausrüstung "Kubus";
- Tu-22RM - verbesserte Version der Tu-22RDK ab 1980;
- Tu-22RDM - Aufklärungsvariante mit einem abnehmbaren Behälter mit zusätzlicher Aufklärungsausrüstung inklusive "Tangash"-System zur Nachrichten- und Signalaufklärung und 7R-Infrarotsystem, Seitensichtradar M-202 "Schompol";
- Tu-22P / PD – Baureihen als Störflugzeuge;
- Tu-22K / KD – Lenkwaffenträger ab 1965, bewaffnet mit Ch-22-Rakete sowie der Möglichkeit nach Modifizierung als konventioneller Bomber eingesetzt zu werden;

Der Trainer Tu-22U fällt durch eine zusätzliche, erhöhte Kanzel hinter der eigentlichen auf.

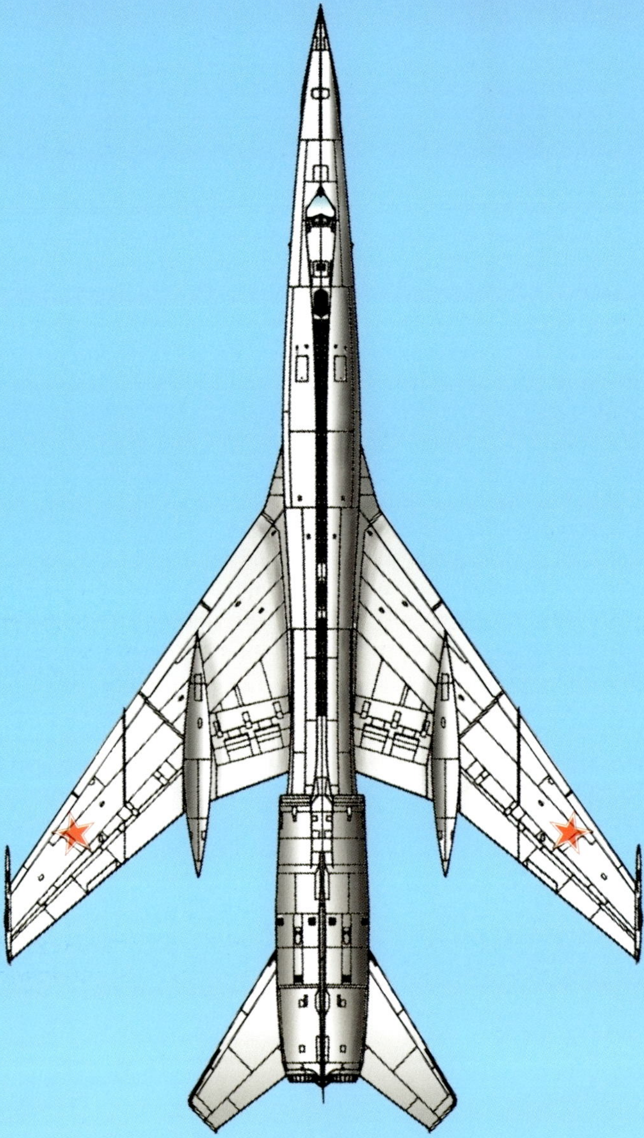

Dreiseitenansicht der Tu-22

- Tu-22KP / KPD - verbesserte Version von Tu-22PD ab 1968;
- Tu-22U / UD – Trainingsflugzeuge mit zusätzlicher Kabine.

Beinah parallel zu Entwicklung, Erprobung und Serieneinführung der strahlgetriebenen Langstreckenbomber Tu-16 und Tu-22 entwickelte die Sowjetunion einen Interkontinentalbomber, der bei Bedarf Ziele in den Vereinigten Staaten treffen sollte. Den Anfang dieser Arbeit bildeten die Anfang 1951 im Kreml abgehaltenen Konferenzen, bei denen Josef Stalin persönlich anwesend war. Laut einem der Teilnehmer dieser Treffen fragte er Andrej Tupolew: "Genosse Tupolew, ist es möglich, zusätzliche Triebwerke an einem Ihrer Bomber anzubringen, damit er die Vereinigten Staaten erreicht, seine Aufgabe erfüllt und dann nach seiner Rückkehr die Ergebnisse berichtet?" Tupolew gab eine negative Antwort und begründete dies damit, dass einheimische Strahltriebwerke nicht wirtschaftlich genug und für solch einen Flug riesige Kraftstoffmengen nötig seien, die aber in den vorhandenen Flugzeugen nirgendwo Platz fanden. Doch die Konstrukteure bei Tupolew bekamen schon bald Gelegenheit, Stalin einen Interkontinentalbomber zur Verfügung zu stellen. Einen wesentlichen Beitrag sollten dazu Spezialisten aus Deutschland und Österreich liefern, die im OKB-276 in Kuibyschew eine sparsame Propellerturbine auf Basis des Junkers Jumo 022 mit etwa 3700 kW entwickelten. Die TW-2 genannte Propellerturbine konnte modifiziert als TW-2F sogar 4660 kW abliefern, was aber immer noch nicht zum Antrieb eines entsprechenden Flugzeugs ausreichte. Das wiederum führte unter der Bezeichnung 2TW-2F zur Kopplung zwei solcher Triebwerke mit einem Getriebe, dass zwei Propeller mit entgegengesetzter Drehung in Rotation versetzte und in dieser Form den Tupolew-Entwurf „95" antreiben sollte.

Die vollständige Entwicklung der Tu-95 wurde auf Grundlage des Dekrets des Ministerrats der UdSSR Nr. 2396-1137 vom 11. Juli 1951 und der entsprechenden Anordnung Nr. 654 des Ministeriums für Luftfahrtindustrie der UdSSR aufgenommen. Der Entwurf des neuen Bombers wurde im Oktober 1951 bestätigt und führte am 12. November 1952 mit vier 2TW-2F zum Erstflug des Prototyps Tu-95/1. Beim 17. Testflug versagte das Getriebe eines der Triebwerke und endete im Absturz des Flugzeugs. Der zweite Prototyp der Tu-95 erhielt die neuen, weiterentwickelten TW-12-Turboprops, die nach dem Start der Serienfertigung die Bezeichnung NK-12 erhielten. Ein nochmals verbessertes NK-12M entwickelte eine Startleistung von 11.185 kW.

Mit einer Kraftstoffreserve von 88.700 kg erzielte die Tu-95 eine praktische Reichweite von 12.100 km, eine Marschgeschwindigkeit von 720-750 km/h sowie maximal 882 km/h. Gemäß der Verordnung des Ministerrats der UdSSR Nr. 2396 vom 26. September 1957 wurde das Bomberkonzept als Tu-95M angenommen und zum Jahresende im Werk Nr. 8 in Kuibyschew in die Serienproduktion überführt. Das Design der Tu-95 basierte auf einem Hochdeckertragwerk mit einer Flügelpfeilung von 35 Grad, reduziert auf 33,5 Grad an den Flügelenden. Technisch in mehrere Teile an Mittel- und Endabschnitt gegliedert, erfolgte hier auch der Einbau elastischer Kraftstofftanks. Der in Halbschalenbauweise gefertigte Rumpf nahm im Bug eine Druckkabine mit Arbeitsplätzen für sechs Besatzungsmitglieder auf. Stationen für zwei weitere Besatzungsmitglieder folgten in der hinteren Druckkabine. In der Mitte des Rumpfes gab es weitere Kraftstofftanks sowie den Bombenschacht. Das Leitwerk am Heck war ebenfalls gepfeilt und aus Ganzmetall hergestellt. Das Fahrwerk erhielt Bugradanordnung und bestand aus drei Baugrupen plus einem Notsporn unter dem Heck. Die doppelt bereifte Bugradstrebe fand im Vorderrumpf Platz, die vierrädrigen, drehbar ausgelegten Hauptfahrwerke fuhren in die verlängerten, inneren Triebwerksgondeln ein. Der aus vier NK-12-Propellerturbinen bestehende Antrieb gilt bis heute als stärkster seiner Art. Jedes der vier Triebwerke erhielt koaxiale Verstellpropeller vom Typ AB-60 mit einem Durchmesser von beachtlichen 5,60 m. Seinerzeit modern fiel die Navigationsausrüstung aus. Dazu gehörten: AP-15R-Autopilot, KS-6D-Kurssystem, die Geräte BTZ-63A, DAK-DB-5 und AK-53P zur Astronavigation, das Flugperiskop SP-1M oder auch der zentrale Navigationsrechner ZNWU-I-1. Die Zusammensetzung der Avionikbaugruppen richtete sich natürlich nach dem Einsatzzweck des Flugzeugs und konnte von Version zu Version variieren.

Die Abwehrbewaffnung der Tu-95 bestand aus drei Zwillingsgeschützen mit jeweils zwei 23-mm-Kanonen AM-23, die auf und unter dem Rumpf sowie am Heck installiert waren. Letzere Position war mit einem Bordschützen bemannt. Möglich war eine Bombenzuladung von bis zu 12.000 kg. Atombomben lagerten in Spezialbunkern auf den Flugplätzen der Fernfliegerkräfte, von wo aus sie bei Bedarf an die Flugzeuge ausgeliefert wurden. Das Zeitintervall zwischen Erteilung des entsprechenden Kampfauftrages und dem Start betrug normal etwa zwei Stunden, allerdings waren einige der Flugzeuge ständig in Alarmbereitschaft und mit Atomwaffen in der Luft. Ableitungen für die Marineflieger konnten auch mit Minen und Torpedos bestückt werden.

In den späten 1950er Jahren wurde das K-20-System entwickelt, mit dem die Tu-95 Bodenziele mit Lenkraketen zerstören konnte. Es bestand aus der Tu-95K als Trägerflugzeug sowie dem überschallschnellen Marschflugkörper Ch-20 mit einer Reichweite von 600 km. Dabei wurde die Ch-20 halbversenkt unter dem Rumpf transportiert. Das K-20-System ermöglichte es dem Bomber, Ziele anzugreifen, ohne in die Luftverteidigungszone des Gegners einzudringen. Insgesamt sollen zwischen 1955 und 1991 je nach Quelle annähernd 500 Tu-95 aller Modifikationen hergestellt worden sein.

Veränderungen und Gliederungen bei den sowjetischen Luftstreitkräften nach dem Zweiten Weltkrieg

Die Ausrüstung der sowjetischen Militärluftfahrt mit neuem Gerät ging mit einer Erhöhung ihres Gesamtanteils innerhalb der Streitkräfte der UdSSR einher. Im Vergleich zur Endphase des Großen Vaterländischen Krieges hatte sich dieser mehr als verdreifacht! Dieser Umstand führte 1946 zur Einführung des Postens des Oberkommandierenden der Luftstreitkräfte, den von 1946 bis 1949 Fliegermarschall Konstantin A. Werschinin innehatte und zugleich das Amt des stellvertretenden Ministers für Verteidigung bestritt. 1949 löste ihn Pawel F. Schigarjew als Oberkommandierenden der Luftstreitkräfte ab.

Die Luftstreitkräfte der UdSSR wurden in diesen Jahren in Front- und Fernflieger unterteilt (heute würde man taktische und strategische Fliegerkräfte bevorzugen).

Die Frontfliegerkräfte waren für eine Vielzahl von Aufgaben zuständig: Luftnahunterstützung der eigenen Bodentruppen, Unterstützung von see- und luftgestützten Offensiven, Bekämpfung feindlicher Flugzeuge, Zerstörung wichtiger Objekte hinter der gegnerischen Verteidigungslinie, operativ-taktische Aufklärung aus der Luft.

Abhängig von der Art der Kampfhandlungen und den Einsatzanforderungen wurden die Frontfliegerkräfte in

- Jagdflugzeuge;
- Bombenflugzeuge;
- Schlachtflugzeuge;
- Aufklärungsflugzeuge

unterteilt.

Gemäß dem jeweiligen Einsatzzweck wurden die Flugzeuge mit den passenden Triebwerken, Avionkbaugruppen, Waffen und Leistungsmerkmalen versehen, um möglichst effizient ihre Kampfaufträge erfüllen zu können.

Bei den Jagdflugzeugen wurde ab Mitte der 1950er Jahre die erste Generation strahlgetriebener Typen durch die zweite ersetzt.

Die Aufgaben der Frontjagdflugzeuge und ihrer Besatzungen bestanden aus der Vernichtung feindlicher Luftfahrzeuge zur Erlangung der Luftherrschaft, des Weiteren aus der Deckung eigener, am Boden und in der Luft agierender Verbände bis hinter feindliche Linien sowie bei Aufklärungseinsätzen. Bei diesen Einsätzen oblag es den Frontjägern gegnerische Flugzeuge im Luftgefecht oder am Boden zu zerstören, das Gefechtsfeld abzuriegeln und das Eindringen in den eigenen Luftraum sowie die damit verbundenen Angriffshandlungen zu verhindern.

Da die Hauptbewaffnung der strahlgtriebenen Jagdflugzeuge der ersten und zweiten Generation vorwiegend aus Kanonen bestand, hatten sich die Grundprinzipien des Luftkampfes seit dem Großen Vaterländischen Krieg kaum geändert. Nach wie vor sollte der Luftkampf hauptsächlich auf kurze Distanzen geführt werden. Gleichzeitig sollten die Piloten versuchen, sich dem Gegner aus schlecht einsehbaren Winkeln aus der hinteren Hemisphäre bis auf Schussreichweite ihrer Bordwaffen zu nähern.

Die wichtigsten taktischen Einheiten der sowjetischen Jagdfliegerkräfte blieben eine Staffel, beste-

Einsatzbesprechung vor einem Übungsflug mit der Su-7U.

hend aus drei Ketten. Aus dieser Zusammensetzung wurden bei der Durchführung eines Kampfeinsatzes drei Gruppen mit verschiedenen taktischen Aufgaben gebildet - Stoss, Deckung und Reserve. Angesichts der erhöhten Geschwindigkeit der Flugzeuge und der Notwendigkeit, die Manövrierfreiheit zu gewährleisten, sind die Kampfformationen der Jäger stärker gestreut.

Die Kette von Jägern, die für den Luftkampf bestimmt war, wurde in Paare unterteilt, zwischen denen die Interaktion während des Angriffsverlaufs erhalten bleiben musste. Es ist bemerkenswert, dass sowjetische Piloten bei Luftkämpfen über Korea zum ersten Mal eine Kette von sechs Flugzeugen verwendeten. Solche Einheiten waren effektiver als Verbände von vier Flugzeugen, da sie eine größere Feuerkraft, höhere Flexibilität und größere Unabhängigkeit im Luftkampf hatten. Die Jagdkette operierte normalerweise in der sogenannten Frontformation. Paare der Formation (der Abstand zwischen den

Flugzeugen entlang der Front beträgt 100-150 Meter, 30-50 Meter tief) wurden in der Höhe gestaffelt: In niedrigen Höhen hatte das führende Paar einen Vorsprung von 100-200 Metern, in mittleren und großen Höhe hatte sich die Position geändert.

Die Kampfformation der Staffel bestand aus zwei Gruppen: einer Angriffsgruppe und einer Deckungsgruppe. In mittleren und großen Höhen folgte die Deckungsgruppe mit einem Überschuss von 200 bis 400 Metern. Die Schlachtordnung des Fliegerregiments wurde in ähnlicher Weise aufgebaut. Zwei Staffeln, die die Angriffsgruppe bildeten, folgten in einer Reihe von Ketten in einer Entfernung von 800-1000 Metern. Dahinter und etwa 600 bis 1000 m höher, befand sich die aus einer Staffel bestehende Deckungsgruppe.

Die Frontbombenflieger galten als eine der Hauptarten der Luftstreitkräfte und sollten feindliche Boden- und Seeziele aus der Luft zerstören. In Zusammenarbeit mit anderen Fliegerkräften unterstützen sie Truppen in Gefechten sowie bei Land- und Seeoperationen, sie sichern die Anlandung von Amphibien- und Luftangriffskräften, zerstören gegnerische Flugzeuge auf Flugplätzen, sie verhindern den Transport von Truppen und Ausrüstung des Gegners, stören mit gezielten Aktionen im Hinterland des Feindes Kommunikations-, Kommando- und Kontrollstrukturen. Bis Mitte der 1950er Jahre wurden sowjetische Divisionen und Regimenter der Frontbombenflieger mit hervorragenden zweistrahligen Il-28-Bombern umgerüstet und bildeten so kampfstarke Einheiten und Formationen zur Erfüllung ihrer Aufgaben.

Das Vorhandensein neuer verbesserter Visiersysteme auf den Il-28-Bombern, einschließlich Radargeräten, ermöglichte effektive Angriffe auf visuell unsichtbare Ziele. Als Hauptgarant für die Zerstörung der wichtigsten feindlichen Ziele galten noch massive Bombenangriffe großer Bombergruppen in dichten Gefechtsformationen.

Die Bombardierung erfolgte hauptsächlich aus dem horizontalen Flug im Höhenbereich von 100 bis 10.000 m, wobei die Bomben auf Befehl des Kommandeurs oder bei individueller Zielerfassung unabhängig unter Zuhilfenahme eines Radargeräts ausgelöst wurden. Die Il-28 konnten auch taktische Atombomben ins Ziel bringen.

Bis zum 20. April 1956 existierte innerhalb der sowjetischen Luftwaffe noch die Abteilung der Schlachtflieger als Vorläufer der Jagdbombenfliegerkräfte. Sie leistete einen unschätzbaren Beitrag zum Sieg über Deutschland bei der direkten Unterstützung der eigenen Bodentruppen. Direkt am Frontverlauf oder in unmittelbarer Nähe wurden die gegnerischen Verteidigungslinien und andere Bodenziele attackiert. Zum 1. Januar 1955 gab es 19 Schlachtflieger-Divisionen, deren Flugzeugpark aus 1.700 Angriffsflugzeugen Il-10 und Il-10M sowie 130 MiG-15bis bestand. Die Angriffsflugzeuge Iljuschin Il-10 und Il-10M, deren Produktion bis 1955 lief, waren mit einem Kolbenmotor ausgestattet und sollten in Zukunft durch ein neues gepanzertes Angriffsflugzeug in Form der Iljuschin Il-40 ersetzt werden.

Die Il-40 absolvierte am 17. März 1953 ihren Erstflug. Sie verfügte über zwei Strahltriebwerke mit einer maximalen Schubkraft von jeweils 32,4 kN und entwickelte in großer Höhe eine Maximalgeschwindigkeit von 954 km/h. In Bodennähe erhöhte sich die Maximalgeschwindigkeit auf 993 km/h, die Gipfelhöhe betrug 11.200 m und die praktische Reichweite 1300 km. Die Bewaffnung war beeindruckend und bestand aus fünf 23-mm-Kanonen, einer Bombenlast von 1000 kg (mit Überlast 1400 kg) und ungelenkten Raketen.

Betrachtet man die Flugzeugtypen, die von der sowjetischen Luftwaffe in all den Jahren ihres Bestehens und insbesondere in den 1950er Jahren übernommen wurden, ist es bemerkenswert, dass sich viele dieser Flugzeuge neben einer ausreichend hohen Flugleistung durch hohe Produktionszahlen und eine relativ kostengünstige Herstellung auszeichneten. Offensichtlich gelang es nur auf diese Weise, die bestehenden sowie die steigende Zahl der neu gebildeten Luftwaffenverbände auszurüsten.

Bis Januar 1955 verfügten die sowjetischen Luftstreitkräfte über mindestens 94 große Verbände: 30 Bombenflieger-, 19 Schlachtflieger- sowie 45 Jagdflieger-Divisionen. Darüber hinaus lief die Umsetzung der Ministerratsbeschlüsse Nr. 386-1140 und Nr. 2382-1136 vom 25. November 1954, die die Aufstellung von 39 neuen Bomberdivisionen für den Zeitraum 1955 bis 1957 vorsahen. Dazu zählten acht strategische Fernfliegerdivisionen, elf Divisionen mit Langstreckenbombern, 20 Frontfliegerdivisionen sowie 16 Bombenfliegerregimenter für die bereits bestehenden Bomber- und Torpedobomber-Divisionen der Front- sowie Marineflieger.

Die sowjetischen Fernfliegerkräfte wurden mit

Langstreckenjäger wie die Tu-128 wurden vom Boden oder AWACS-Flugzeugen wie dieser Tu-126 (hier begleitet von einer amerikanischen A-4 Skyhawk) zu ihren Zielen geleitet.

dem Dekret des Ministerrats der UdSSR vom 3. April 1946 auf Basis der 18. Luftarmee und ihrer Erfahrungen weiterentwickelt. Sie sollten im Konfliktfall militärische Ziele weit im Hinterland des Gegners, auf kontinentalen und interkontinentalen Kriegsschauplätzen und auch auf See zerstören. Hinzu kamen Aufgaben der Langstreckenaufklärung.

Ursprünglich bestanden die Fernfliegerkräfte aus drei Luftarmeen:

- 1. Luftarmee der Fernfliegerkräfte. Gebildet am 9. April 1946 aus Formationen der 3. Luftarmee mit Hauptquartier in Smolensk. Am 20. Februar 1949 wurde sie aufgrund einer Anweisung des Generalstabs in 50. Luftarmee der Fernfliegerkräfte umbenannt;
- 2. Luftarmee der Fernfliegerkräfte. Gebildet am 9. April 1946 aus Formationen der 8. Luftarmee und Luftwaffeneinheiten des Kiewer Militärbezirks mit Sitz in Winnyzja. Am 20. Februar 1949 wurde sie auf Anweisung des Generalstabs in 43. Luftarmee der Fernfliegerkräfte umbenannt;
- 3. Luftarmee der Fernfliegerkräfte. Gebildet am 9. April 1946 aus Formationen der 7. Luftarmee mit Hauptquartier in der Region Moskau (1945-1946), noch 1946 - in Chabarowsk. Am 20. Februar 1949 wurde sie aufgrund einer Anweisung des Generalstabs in 65. Luftarmee der Fernfliegerkräfe umbenannt.

Auf Basis des 84. Schweren Bombenfliegerkorps wurde 1957 die 5. Luftarmee der Fernfliegerkräfte gebildet.

Der 1948 in Dienst gestellte Tu-4-Bomber war das erste sowjetische Trägerflugzeug von Atomwaffen. Mit dem Beschluss des Ministerrats der UdSSR Nr. 3200-153 vom 29. August 1951 begann das Verteidigungsministerium mit der Bildung einer mit Atombomben bewaffneten Einheit unter dem Decknamen "Ausbildungsregiment Nr. 8". Der Verband war mit 22 Tu-4 ausgerüstet und auf dem weißrussischen Flugplatz Balbassowo (Bolbasowo) stationiert. Oberst Wassili A. Trechin wurde zum Kommandeur des Regiments ernannt. Aus dieser Einheit entstand 1954 wiederum das 402. Schwere Bombenfliegerregiment (TBAP) unter dem Kommando von Oberst N.I. Parygin und wenig später folgte das 291. Schwere Bombenfliegerregiment von Oberst N.M. Kalinin. Beide Regimenter wurden Bestandteil der 160. Schweren Bombenfliegerdivision von Oberst W.A. Trechin, die dem stellvertretenden Oberbefehlshaber der Luftstreitkräfte, Generalleutnant N. I. Saschin, direkt unterstellt war.

Mit der Tu-16 wurde 1954 der erste sowjetische Langstreckenbomber mit Strahlantrieb bei den Fernfliegerkräften in Dienst gestellt. Im Januar 1955 verfügten die Fernflieger über 30 schwere Bombenfliegerregimenter als Teil von:

- zwei Schweren Bombenfliegerdivisionen (TBA mit Tu-16 (54 Flugzeuge von den erforderlichen 130 Flugzeugen verfügbar);
- zehn TBAD mit Tu-4 (63-94 Flugzeuge in einer Division, Auslieferung beendet).

Eine Division mit Tu-16 (43 Flugzeuge) und eine Division mit Tu-4 (63 Flugzeuge) galten als "besondere" Einheiten mit Atomwaffen und einer entsprechenden Ausbildung bei den Besatzungen.

Neben Bombern gehörten zu den Fernfliegerkräften:

- fünf Regimenter mit Langstreckenaufklärungsflugzeugen Tu-4 (18 statt der jeweils geforderten 22 im Bestand);
- sieben Jagdfliegerregimenter mit MiG-15b als Teil von zwei Jagdfliegerdivisionen (76 Flugzeuge von den jeweils 116 geplanten Flugzeugen) und einem separaten Jagdfliegerregiment (33 MiG-15bis von den geforderten 36 Flugzeugen im Bestand);
- eine Transportfliegerdivision (35 Li-2).

Im Januar 1958 sollen die Fernfliegerkräfte 1120 strahlgetriebene Tu-16 und 778 kolbenmotorgetriebene Tu-4 im Einsatz gehabt haben.

Ab 1958 bildeten sich im Rahmen der Fernfliegerkräfte sogenannte Ingenieurtechnische Regimenter, die eigentlich für den Einsatz der ersten sowjetischen Mittelstreckenraketen R-12 und R-14 bestimmt waren. Bis Dezember 1959 wurden zehn solche Regimenter aufgestellt. Ab 1959 begann praktisch die Aufstellung der landeseigenen Raketentruppen mit dem direkten Umbau von Luftfahrtregimentern in Raketenregimenter, insbesondere waren das 37., 157., 198., 229. und 250. Bombenfliegerregiment davon betroffen. Mehrere Verbände mit Tu-16-Bombern wurden anderenorts an die sowjetischen Marineflieger abgegeben (12., 169., 172. und 240. Regiment).

Im Zeitraum 1954-1955 erfolgte als Teil der Langstreckenluftfahrt die Aufstellung der 116. Schweren Bombenfliegerdivision mit Tu-4K Flugzeugen, die den ersten eigenentwickelten Marschflugkörper KS-1 Komet als Bewaffnung mitführen konnten. Im Jahr 1960 wurden im Zusammenhang mit der Schaffung der Strategischen Raketentruppen zwei der drei Luftarmeen in Raketenarmeen umgewandelt.

Bereits im Frühjahr 1946 wurden die Transportfliegerkräfte (WTA) geformt, die ursprünglich ein Luftfahrtverband als Teil der Luftlandetruppen waren und nun fünf Lufttransportdivisionen mit Li-2- und Po-2-Flugzeugen umfassten. Bis Ende der 1950er Jahre bildeten dabei die Li-2-Flugzeuge (als Lizenzbau der Douglas DC-3 / C-47) die Basis der WTA-Einsatzflotte. Es kamen auch neue Flugzeuge dazu: Il-12D (1948), TU-4D (1955), Il-14T (1956), Mi-4-Hubschrauber (1953) sowie Lastensegler Zybin Z-25 (1948) und Jak-14 (1950).

Ab 1955 wurden die Transportfliegerkräfte von den Luftlandetruppen getrennt und als nunmehr eigenständige Abteilung dem Oberbefehlshaber der Luftstreitkräfte direkt unterstellt. In der zweiften Hälfte des Jahrzehnts begann die Ausrüstung mit neuen Transportflugzeugen der Typen Antonow An-8 und An-12. Diese Maschinen verfügten über Turboproptriebwerke sowie im Flug zu öffnende Frachtrampen, moderne Navigationsgeräte sowie eine 3-5 mal höhere Tragfähigkeit gegenüber den zuvor eingesetzten Frachtflugzeugen der ersten Generation, sie revolutionierten damit den Einsatz der sowjetischen Transportfliegerkräfte. Die militärische Transportluftfahrt konnte nun bei jedem Wetter eingesetzt werden, Waffen und schwere militärische Ausrüstung (auch anderer Teilstreitkräfte) transportieren oder auch Luftlandeeinheiten absetzen. Die Flotte der sowjetischen Transportflieger wurde bis 1976 mit Frachtern des Typs Antonow An-22 ergänzt, die Probleme des Lufttransports militärischer Ausrüstung der Bodentruppen vollends ausfüllte. Zwei Jahre zuvor erfolgte mit der Iljuschin Il-76 die Indienststellung des ersten Transportflugzeugs mit Strahltriebwerken bei den WTA und entwickelte sich in den kommenden Jahren zum Standardmuster. Die Fähigkeiten der Transportflieger wurden mit der Einführung der mächtigen An-124 ab 1987 nochmals radikal erhöht und erlaubten die Beförderung von extrem schweren, sperrigen Fracht- und Ausrüstungsgütern.

Bis 1946 umfassten die Luftstreitkräfte der UdSSR Luftlandetruppen. Nach der Ausgliederung aus den Luftstreitkräften wurden die Luftlandetruppen direkt dem Verteidigungsminister unterstellt.

Der Personalbestand der Luftstreitkräfte bezifferte sich am 15. August 1955 auf nicht weniger als 732.322 Personen und hatte eine deutliche Tendenz zu einem weiteren Anstieg. Jedoch geschah das Unerwartete: die neue Grundlage der außenpolitischen Doktrin der Kommunistischen Partei der UdSSR, deren erster Sekretär seinerzeit Nikita S. Chruschtschow hieß, wurde zur Idee der friedlichen Koexistenz des kapitalistischen und sozialistischen Systems. Es begann eine groß angelegte Reduzierung der sowjetischen Streitkräfte.

Eine Vorstellung davon, wie die Reduzierung der Luftstreitkräfte durchgeführt werden sollte, gibt der am 15. August 1955 vorgelegte Informationsbericht des Verteidigungsministers der UdSSR Georgi K. Schukow an das Zentralkomitee der KPdSU zur

Verringerung der Streitkräfte. In diesem Referenzbericht schlug das Verteidigungsministerium der UdSSR vor, bis zum 15. Dezember 1955 den Personalbestand der Streitkräfte von damals 4.815.870 um 340.000 Soldaten und Offiziere zu reduzieren. Für die Luftstreitkräfte sollte dies eine Verringerung um 15.000 Mann bedeuten. Der Vorschlag beinhaltete die Auflösung von elf der 17 bestehenden Abteilungen der Fliegerkorps der Luftstreitkräfte sowie zwei der vorhandenen sieben Luftverteidigungskorps. Was die 39 Bomberdivisionen anbelangt, die gemäß dem Beschluss des Ministerrats der UdSSR vom 25. November 1954 aufgestellt werden sollten, hielt es das Verteidigungsministerium 1956 für zweckmäßig, nur eine strategische Fliegerdivision und ein Fliegerregiment zu bilden. Noch 1956 folgten Vorschläge zu einer weiteren Verkleinerung der Luftstreitkräfte um nochmals 43.296 Angehörige sowie die Auflösung folgender Abteilungen:

1 Fliegerkorps;
2 Abteilungen der Minen- und Torpedoflieger-Divisionen;
1 Abteilung der Jagdfliegerdivision;
1 Abteilung der Transportflieger-Division;
2 Abteilungen der Schweren Bombenflieger-Divisionen;
5 Abteilungen der Luftverteidigungsdivisionen.

Desweiteren wurden folgende militärische Formationen und Einheiten aufgelöst:

3 Jagdflieger-Divisionen;
4 Bomber-Divisionen;
2 Jagdbombenregimenter;
30 Jagdfliegerregimenter;
5 Bombenregimenter;
3 Schwere Bombenfliegerregimenter;
1 Minen- und Torpedofliegerregiment;
4 Aufklärungsstaffeln.

Infolge dieser stürmischen Aktivität verblieben nur 25 Bombenflieger- und sechs Jagdbomber-Divisionen ein Teil der Frontfliegerkräfte, eingeschlossen etwa 2600 Il-28 und MiG-15bis. Alle Minen- und Torpedoflieger-Divisionen der Marine wurden aufgelöst und die Zahl der Bomber-Divisionen reduziert. Um das Ausmaß der Reduzierung der Flugzeuge einzuschätzen, ist zu vermerken, dass allein die Pazifikflotte 400 Il-28 verlor!

Die Reduzierungen der Luftfahrtverbände und -einheiten betrafen auch die Fernfliegerkräfte, die seit 1961 aus drei separaten schweren Bomberkorps bestanden:

- das 2. Selbstständige Schwere Bomberkorps (Winnyzja);
- das 6. Selbstständige Schwere Bomberkorps (Smolensk);
- das 8. Selbstständige Schwere Bomberkorps (Blagoweschtschensk).

Staatschef Nikita Chruschtschow beabsichtigte, den Großteil der Kampfflugzeuge durch Raketen zu ersetzen, aber die Parteielite „rebellierte“ gegen den

MiG-21SMT des 18. Gardejagdfliegerregiments der sowjetischen Luftstreitkräfte aus Gelenki.

autoritären Führungsstil Chruschtschows und am 14. Oktober 1964 schickten ihn die Genossen in den Ruhestand. Kurz darauf wurde der groß angelegte Abbau der Streitkräfte gestoppt.

Vor dem Hintergrund der von N. S. Chruschtschow durchgeführten Reduzierung der sowjetischen Militärluftfahrt, die mit der tragischen Situation von 1941 vergleichbar war, sind die Schlachtflieger völlig unbemerkt verschwunden. Bereits im März 1956 appelierte der Verteidigungsminister der Sowjetunion Georgi Schukow an das Zentralkomitee der KPdSU, ein neues Schlachtflugzeug Iljuschin Il-40 zu befürworten. Doch bereits im Folgemonat legte er einen Bericht vor, in dem sich seine Meinung und abgestimmt mit dem Generalstab der Luftstreitkräfte, zu diesem Flugzeug und Schlachtflugzeugen überhaupt dramatisch geändert hatte. Der Bericht zeigte, dass die Schlachtflugzeuge nach den Erfahrungen des Großen Vaterländischen Krieges trotz ihres Erfolges unangemessen hohe Verluste erlitten hatten und mit einer Bombenlast von 400 kg über dem Gefechtsfeld weniger effektiv waren als Bomber. Die Meinung von Georgi Schukow über die Angriffsfliegerei lautete: „In der modernen Kriegsführung sind Schlachtflugzeuge unserer Meinung nach von geringem Nutzen. Ihre Hauptaufgabe, Truppen zu unterstützen und zu eskortieren, können Bombenflugzeuge erfolgreich lösen. Sie sollten in großer Anzahl zur Verfügung stehen und einige ihrer Aufgaben sollten von Jagdflugzeugen ausgeführt werden können."

Dem Bericht Schukows stimmte schließlich das Zentralkomitee der KPdSU zu und mit der Anordnung des Verteidigungsministeriums der UdSSR Nr. 30660 kam am 20. April 1956 das Ende der sowjetischen Schlachtflieger. Parallel dazu endeten die Tests mit der Il-40 und auch die Arbeiten an ähnlich gearteten Flugzeugen. Um die verlorengegangene Schlagkraft der Angriffsverbände zu kompensieren, wurden zehn Jagdfliegerdivisionen mit MiG-15bis und MiG-17 in leichte Bombenfliegerregimenter integriert. Da diese Flugzeuge für die Lösung der Aufgaben eines Bombers (geringe Bombenlast, fehlende Sicht- und Navigationsausrüstung, geringe Überlebensfähigkeit) überhaupt nicht geeignet waren, erfolgte auf Anordnung des Generalstabschefs der Streitkräfte der UdSSR die Umklassifizierung der leichten Bomberverbände in Jagdbomberverbände.

Auf der Suche nach einem geeigneten Ersatz der MiGs in den Jagdbomberverbänden wurde das Kommando der Luftstreitkräfte auf das im OKB Suchoi konstruierte Jagdflugzeug Su-7 aufmerksam. Es war auf der Grundlage der am 5. August 1953 angenommenen Resolution des Ministerrats der UdSSR zur Schaffung neuer Hochgeschwindigkeitsjagdflugzeuge mit Pfeil- und Deltaflügeln entstanden. Suchoi sollte gemäß dieser Resolution einen Frontjäger mit gepfeiltem Tragwerk sowie dem neuen, annähernd

Jagdbombenflugzeug Suchoi Su-7B

Jagdbomber vom Typ Su-7B. Ein Startgewicht von 13.000 kg schloss eine Waffenzuladung von 2000 kg ein.

100 kN leistenden Strahltriebwerk von Archip Ljulka bauen und bis Mai 1955 in die Erprobung überführen. Der Anforderungskatalog beinhaltete eine Geschwindigkeit von bis zu 1800 km/h, eine Gipfelhöhe von 19.000 m sowie eine aus drei 30-mm-Kanonen bestehende Bordbewaffnung.

Die Entwicklung eines S-1 genannten Prototyps konnte bis zum Sommer 1954 abgeschlossen und die Flugerprobung am 7. September 1955 aufgenommen werden. Die Tests begannen zunächst ohne Nutzung des Nachbrenners, im eingeschalteten Modus wurde Überschallgeschindigkeit erreicht. Am 24. Juni 1956 wurde das Flugzeug bei der Luftparade in Tuschino erstmals der Öffentlichkeit gezeigt. Während der Werkserprobung verhalf das AL-7F-Triebwerk im Nachbrennerbetrieb zu 2070 km/h und außerdem zur Entscheidung des Ministerrats, das Flugzeug unter der Bezeichnung Su-7 im Flugzeugwerk Nr. 126 in Komsomolsk-am-Amur in Serie zu produzieren. Die staatlichen Abnahmetests liefen im September 1956 an und offenbarten verschiedene Probleme, die auf den neuen Antrieb sowie Mängeln an Flugzeugzelle und -Ausrüstung zurückzuführen waren. Aus diesen Gründen geriet die Serienproduktion immer wieder ins Stocken und führte bis 1961 zu einem Ausstoß von 133 Flugzeugen. Letztlich wurde die Su-7 nur von zwei im Fernen Osten der Sowjetunion stationierten Regimentern in Dienst gestellt und bis Mitte der 1960er Jahre verwendet.

Die in Ganzmetall hergestellte Su-7 besaß einen Rumpf mit kreisförmigen Querschnitt, dessen hinterer Abschnitt vom Nachbrennertriebwerk dominiert wurde. Der Pfeilwinkel der Tragflügel betrug an der Vorderkante 60 Grad, es gab geschlitzte Klappen sowie Querruder und auf der Oberseite Grenzschichtzäune. Für die Bestückung mit Raketen und Kraftstoffbehältern, sekundär auch Freifallbomben, wurden Pylone montiert. Das Seitenleitwerk besaß einen Vorkiel, die Höhenflossen waren voll beweglich. Das dreiteilige Bugradfahrwerk war jeweils einfach bereift. Das Triebwerk AL-7F leistete 66,7 kN ohne und 94,1 kN mit Nachbrenner, es erlaubte eine Höchstgeschwindigkeit von 2120 km/h, eine Dienstgipfelhöhe von 15.000 m sowie eine Reichweite von 1875 km. Zwei 30-mm-Kanonen NR-30 stellten die Bordbewaffnung dar, als Waffenzuladung waren 1000 kg möglich.

Als Frontjäger nicht sonderlich erfolgreich, entwickelte sich die Su-7 aber als sehr brauchbarer Jagdbomber unter der Bezeichnung Su-7B. Diese Modifikation entstand auf der Grundlage des Dekrets des Ministerrats der UdSSR vom März 1956. Dem zufolge sollte die neue Baureihe 2000 kg Waffenlast aufnehmen und aus Bomben sowie ungelenkten Raketen des Kalibers 57 bis 210 mm bestehen.

In der Entwicklungsphase wurde das Flugzeugs als S-22 bezeichnet. Das Design war Ende 1957 abgeschlossen, Änderungen ergaben sich aber noch durch den Einbau des modernisierten Triebwerks AL-7F-1. Der Erstflug des Prototyps S-22-1 fand am 24. April 1959 statt, noch vor Herbstbeginn konnte die Werkserprobung abgeschlossen werden. Die stattlichen Testreihen dauerten nachfolgend bis April 1960 an und endeten mit der Empfehlung zur Aufnahme des Flugzeugs in den Dienst der Luftstreitkräfte als Jagdbomber Su-7B.

Suchoi Su-7B und Su-17

Die Einsatzerprobung der Su-7B wurde zuerst im 4. Trainingszentrum der Luftstreitkräfte in Woronesch innerhalb des 642. Selbstständigen Regiments ab Januar 1961 durchgeführt. Im Juli desselben Jahres überflogen Jagdbomber dieses Typs die Tribünen während der Luftparade in Tuschino bereits in Regimentsstärke.

Neben dem verbesserten Triebwerk unterschied sich die Su-7B vom einstigen Prototyp auch durch neue Feuerleitsysteme innerhalb einer aktualisierten Avionik, die es ermöglichte, bei Tag und Nacht unter einfachen wie auch schwierigen meteorologischen Bedingungen Einsätze zu fliegen. Modifizierte Unterflügelstationen konnten jeweils bis zu 500 kg Bewaffnung aufnehmen, die Kampflast konnte insgesamt bis zu 2000 kg betragen. Beibehalten wurde die aus zwei 30-mm-Kanonen bestehende Bordbewaffnung. Zwei unter dem Rumpf angebrachte Zusatztanks konnten die Reichweite des Flugzeugs ausdehnen. Bei der weiterentwickelten Baureihe Su-7BM stieg die Kraftstoffkapazität durch zusätzliche Flügeltanks und die Möglichkeit, auch unter dem Tragwerk Zusatztanks mitführen zu können. Mit der Su-7B und ihrer verbesserten Ausrüstung sowie im Einklang mit der optionalen Bestückung mit Nuklearwaffen stiegen die Fähigkeiten der sowjetischen Jagdbomberfliegerkräfte dramatisch an. Nicht geändert gegenüber den zuvor genutzten MiG-15bis und MiG-17 wurde die Einsatztaktik. Sie bestand aus:

- aus einfachen Manöverarten – hierbei mit Angriffen einzelner Besatzungen und Paare aus dem Horizontalflug und aus Tiefflugangriffen mit Geschwindigkeiten von 800-1050 km/h;
- aus komplexen Manövern – mit dem Fliegen einer Kampfrunde, Halbschleife oder Attacken aus einer Schleife, Angriffe mit einem Sturzflugwinkel von 45 Grad oder auch dem Schleuderwurfverfahren mit einem vertikalen Manöver und dem Abwerfen von Bomben aus großer Höhe.

In den Farben der polnischen Luftwaffe ist hier eine Maschine der verbesserten Ausführung Su-7BKL zu sehen.

Das Hauptmerkmal der Kampftaktik von sowjetischen Jagdbomberfliegerkräften bestand seinerzeit häufig in der Verweigerung, gleichzeitige Angriffe großer Gruppen durchzuführen. Atomwaffen galten als das ultimative Kampfmittel und somit hielten viele der Luftfahrtgeneräle große Verbände mit Jagdbombern für unnötig. Ein weiterer Grund für die Ablehnung massiver Angriffe von Staffeln und Regimentern war die Meinung, dass die deutlich erhöhten Fluggeschwindigkeiten von Jagdbombern und die Verschlechterung ihrer Manövriereigenschaften Einsätze in großen Gruppen schwerer und riskanter machten.

Neben den modernisierten Baureihen der Su-7B (BKL, BMK) wurde im OKB Suchoi auch an einer Weiterentwicklung mit veränderlicher Tragflügelgeometrie gearbeitet. Als Prototyp S-22I flog das Muster im August 1966 zum ersten Mal und gut drei Jahre später begannen Serienmaschinen als Su-17 den Dienst bei den sowjetischen Jagdbombenfliegerregimentern.

Bewaffnungsvarianten der Su-7B.

Während der Produktion wurde das Flugzeug mehrmals modernisiert, was zu vielen Modifikationen führte. Auszugsweise waren dies:

- Su-17M mit neuem AL-21F-3-Triebwerk, erhöhter Reichweite und auf acht erhöhte Anzahl der Waffenaufhängepunkte. Später wurden einige der Maschinen mit Laserzielbeleuchtern „Proschektor" sowie lasergelenkten Ch-25 -und Ch-29-Raketen ausgestattet;

Die 30-mm-Kanone NR-30 in der Flügelwurzel des Jagdbombers.

- Su-17M2 mit neuem Ziel- und Navigationssystem sowie erweiterter Waffenpalette;
- Su-17M3 - basierend auf der Zelle des zweisitzige Trainers Su-17UM, der Rumpfbug wurde geändert, um die Sicht nach unten zu verbessern, das Fahrwerk wurde für den Betrieb auf unbefestigten Flugplätzen verstärkt, die Kraftstoffkapazität wur de erhöht, das KN-23-Navigationssystem erlaubt überschallschnelles Fliegen in geringer Höhe;
- Su-17M4 - die Höchstgeschwindigkeit wurde durch einen nunmehr feststehenden Lufteinlass reduziert (von 2300 km/h bei der Su-17M3 auf jetzt 1800 km/h), aufgewertetes Ziel- und Navigationssystem, größere Waffenauswahl;
- Su-17M3R und Su-17M4R - Aufklärungsflugzeuge mit Geräten zur Foto-, Funk-, Infrarot- und TV-Aufklärung;
- Su-20 und Su-22 - verschiedene Modifikationen als Exportversionen der Su-17.

Die Su-17 wurde im Flugzeugwerk Nr. 126 in Komsomolsk-am-Amur produziert. Insgesamt wurden in fast 20 Jahren 2820 Flugzeuge aller Baureihen hergestellt.

Dreiseitenansicht der Su-7BMK

Röntgenschnitt der Su-7BKL.

Die Su-17 war das erste sowjetische Flugzeug mit variabler Tragflächengeometrie und ähnliche Forschungsarbeiten wurden in den 1960er Jahren auch in anderen Konstruktionsbüros durchgeführt. Hauptgrund waren im Falle eines bewaffneten Konflikts die wahrscheinliche Zerstörung der großen Flugplätze samt Betonpisten auch unter Zuhilfenahme von Atomwaffen. Die eigenen Fliegerkräfte müssten von begrenzten, mit kürzeren Start- und Landebahnen ausgestatteten Reserveflächen aus operieren. Möglicherweise reichten Bremsklappen und Bremsschirme zur Verkürzung der Landestrecke oder Starthilfsraketen zur Reduzierung der Startbahnlänge nicht aus und man erörterte zwei Alternativen, die im Einbau von einem oder mehreren Hubtriebwerken oder aber in der Verwendung von schwenkbaren Tragflügeln mündeten. Um zu prüfen, welche Methode dazu geeigneter sei, entwarf das OKB MiG zwei verschiedene Experimentalflugzeuge:

- die "23-01" (auch fälschlicherweise MiG-23PD und MiG-23UWP genannt) mit zusätzlichen Hubtriebwerken sowie
- die "23-11" mit Schwenkflügeln.

Zum Schluss sollten beide Konzepte zu einem Frontjagdflugzeug führen, dass hohe Überschallgeschwindigkeiten von Mach 2 bis Mach 2,5 erreichen und über kurze Start- und Landestrecken verfügen sollte. Die Detailkonzeption der "23-01" erfolgte seit 1964, der Bau eines Prototyps begann im März 1966. Dieser wurde am 30. November desselben Jahres zur Werkserprobung übergeben und die Flugerprobung am 3. April 1967 aufgenommen. Vierzehn Testflüge wurden durchgeführt und am 9. Juli 1967 das Flugzeug zur Luftparade in Moskau-Domodedowo präsentiert. Letztendlich zeigten die Testergebnisse, dass der Einbau von zusätzlichen Hubtriebwerken die Flugzeugkonstruktion komplizierte, großen

Diese Su-7BKL ist unter Rumpf und Tragwerk mit Abschussbehältern für ungelenkte 57-mm-Raketen des Typs S-5 bestückt.

Modernste Ausführung des Schwenkflüglers war die Su-17M4, die von den russischen Luftstreitkräften 1998 endgültig außer Dienst gestellt wurde.

Raum im Rumpf beanspruchte und Kraftstoff- sowie Waffenzuladung verringerte. So folgte der Beschluss, die Arbeiten an diesem Flugzeug einzustellen und sich vollends auf die "23-11" und ihre veränderliche Tragflügelgeometrie zu konzentrieren.

Die schwenkbaren Flügel erlauben je nach Flugmodus und der Ausnutzung der aerodynamischen Gegebenheiten optimale Eigenschaften inklusive hohen Überschallflug, wirtschaftlichen Marschflug im Unterschalltempo und damit eine größere Reichweite und nicht zuletzt verbesserte Start- und Landeeigenschaften mit verkürzten Pistenlängen. Bei großem Pfeilwinkel bilden die Tragflügel eine deltaähnliche Fläche mit niedrigem Seitenverhältnis und gestatten hohe Geschwindigkeiten. Das technische Design des MiG-Schwenkflüglers wurde in relativ kurzer Zeit bis März 1966 fertiggestellt und der Prototyp "23-11" am 26. Mai 1967 zur Werkserprobung übergeben. Hier begannen die Testflüge am 10. Juni und am 9. Juli 1967 wurde auch dieses Flugzeug der Öffentlichkeit in Moskau-Domodedowo vorgeflogen. Nach 97 Flügen galt die Werkserprobung im Juli 1968 als abgeschlossen. Die Testreihen hatten folgendes offenbart:

- eine deutliche Reduzierung der Start- und Landestrecke (im Vergleich zu allen bestehenden Flugzeugtypen),
- einfaches Steuern in allen Flugmodi, insbesondere bei Start und Landung,
- hohe Fluggeschwindigkeiten in geringer und großer Höhe und bei der maximalem Pfeilwinkel des Tragwerks
- große Reichweite und Flugdauer im Marschflug.

Das Flugzeug erhielt schließlich die offizielle Bezeichnung MiG-23. Bei Serienanlauf war geplant, ein neues „Safir-23"-Radar und ein stärkeres R-27F2M-300-Triebwerk mit einem maximalen Schub von 67,7 kN ohne und 98 kN mit Nachbrenner zu installieren. Als das erste Serienflugzeug gebaut wurde, war das Triebwerk fertig, die Entwicklung des „Safir-23"-Radars hatte sich allerdings verzögert. Aus diesem Grund wurde bei der ersten Serienausführung MiG-23S das ältere Radar "Safir-21" installiert.

Mikojan-Gurewitsch MiG-23 und MiG-27

Die erste Serienmaschine MiG-23S erreichte die Testflugeinrichtung der Luftstreitkräfte im Mai 1969 und erhob sich am 28. Mai zum ersten Mal in die Luft. Die Erprobung betraf im Folgenden auch die Avionik und das Waffensystem, außerdem wurden automatische und manuelle Anflugmethoden ausgearbeitet. Von Mitte 1969 bis Ende 1970 wurden etwa 50 MiG-23S gebaut und dienten praktisch als Übergangsmuster zu den nachfolgenden Modifikationen aus der Großserienfertigung.

Grundsätzlich ist die MiG-23 ein in Ganzmetallbauweise hergestellter, einstrahliger Schulterdecker mit Schwenkflügeln und voll beweglichen Höhenflossen. Die feststehende Tragwerkswurzel ist vorn um 70 Grad gepfeilt, die beweglichen Flügel können von 18,5 bis 74,5 Grad geschwenkt werden.

Eine MiG-23ML, bewaffnet mit R-23- und R-60-Luftkampfraketen. (Foto: U.S. DoD)

Röntgenschnitt der MiG-23

Der Rumpf nimmt in der vorderen Sektion Radar und weitere Bordelektronik, das Cockpit und das Bugfahrwerk auf, auch Kraftstofftanks, die seitlichen Lufteinlaufkanäle und das folgende Triebwerk. Im hinteren Bereich befinden sich die Nachbrennerstufe, des Weiteren vier Bremsklappen an den Rumpfseiten und nicht zuletzt das Heck mit dem Leitwerkskomplex. Das aufklappbare Cockpit verfügt für eine bessere Sicht über ein Periskop. Das robuste Fahrwerk ermöglicht den Einsatz von befestigten und unbefestigten Pisten, bei Landungen bis zu 320 km/h Geschwindigkeit kann ein im Heck verstauter Bremsschirm die Landestrecke verkürzen. Im Laufe der Produktion gelangten verschiedene Strahltriebwerke der Typen R-27F2M-300, R-29-300, R-35-300 oder auch AL-21F zum Einbau. Mit dem im Nachbrennerbetrieb 127,5 kN leistenden R-35-300 entwickelte die MiG-23ML eine Maximalgeschwindigkeit von 2500 km/h in großen sowie 1400 km/h in niedrigen Höhen. Eine Dienstgipfelhöhe von 18.600 m sowie eine Reichweite von 1450 km waren möglich. Die Bordbewaffnung bestand aus einer zweiläufigen 23-mm-Kanone GSch-23L, an fünf Außenstationen konnten zudem bis zu 2000 kg Waffen wie zum Beispiel Kanonenbehälter, ungelenkte und gelenkte Raketen, oder verschiedene Sprengbomben wie FAB-100 oder FAB-250 mitgeführt werden. Zweifellos besaß die MiG-23 ein bedeutendes Angriffspotenzial, was zur Modifikation in die Jagdbomberrolle führte. Erste Ableitung hierzu war die MiG-23B als leichtes Angriffsflugzeug gegen einzelne, multiple, stationäre und bewegliche Ziele.

Für diese Einsatzrolle verzichtete man auf das Radar, flachte den Bug stattdessen ab und verbesserte damit die Sicht nach unten. Gleichzeitig diente nun das Ziel- und Navigationssystem "Sokol-23S" zu präzisen Bombenangriffen aus verschiedenen Bereichen, dem Horizontal- oder auch Sturzflug und verbesserte die Schussgenauigkeit der Bordkanone. Im Cockpitbereich sind zum Schutz des Piloten an den Seitenwänden des Rumpfes Panzerplatten befestigt. Um zu verhindern, dass Kraftstofftanks explodieren, wenn sie von Projektilen oder Splittern durchbohrt werden, füllen sie sich mit neutralem Gas, wenn der Kraftstoff aufgebraucht ist. Zum eigenen Schutz erhielt das Flugzeug ein System zur aktiven und passiven Radarstörung. Die Angriffsbewaffnung wurde verstärkt, die Bombenlast fiel höher aus.

Der Erstflug der MiG-23B wurde am 20. August 1970 durchgeführt. Die staatlichen Testreihen wurden 1971 abgeschlossen, im selben Jahr wurde die MiG-23B in einer Kleinserie von 24 (anderen Quellen zufolge 49) Flugzeugen hergestellt.

Auf der Basis der MiG-23B entstand schließlich die MiG-27 als vollwertiger Jagdbomber. Das Flugzeug war mit einem neuen R-29B-300 Turbojet-Triebwerk

Die Tragflügel sind nach vorn geschwenkt, diese MiG-23 befindet sich im Landeanflug.

MiG-23ML mit auffällig angeordneten Täuschkörperwerfern auf dem Rumpf. (Foto: Eric Bannwarth)

Prototyp der MiG-23ML mit Raketenbewaffnung. (Foto: RSK MiG)

Prototyp des Trainers MiG-23UB. (Foto: RSK MiG)

Vorn ein Trainer MiG-23UB, dahinter eine MiG-23MLD der früheren libyschen Luftwaffe.

ausgerüstet, das ohne Nachbrenner einen Schub von 78,45 kN und mit von 112,78 kN entwickelte.

Die Beherrschung der anspruchsvollen MiG-23 in den Einsatzregimentern war nicht mit erheblichen Schwierigkeiten verbunden, obwohl in der Anfangsphase einige Mängel in der Konstruktion der Zelle und des Flugzeugantriebs auftraten. Insbesondere gab es Fälle von Zerstörungen des Schwenkmechanismus sowie Ausfälle des Triebwerks. Triebwerksprobleme einer MiG-23M führten am 4. Juli 1989 zu einem besonders spektakulären Unfall. An diesem Tag startete ein sowjetischer Pilot mit seiner MiG-23M vom Flugplatz Kolobrzeg in Polen zu einem Übungsflug. In der 41. Flugsekunde kam es zu einer spontanen Abschaltung des Nachbrennermodus, die vom Piloten als Triebwerksausfall wahrgenommen wurde. Nach einem Befehl der Bodenleitstelle verließ der Pilot das Flugzeug mit dem Schleudersitz und sechs Sekunden später schaltete das Triebwerk in den Normalbetrieb. Das Flugzeug stoppte den Sinkflug und der Autopilot leitete in den Horizontalflug über. Sein Freund-Feind-Erkennungssystem war eingeschaltet, so dass er frei den Luftraum Polens sowie der Deutschen Demokratischen Republik überquerte und schließlich am Himmel über der BRD auftauchte, wo er von NATO-Luftverteidigungssystemen erfasst wurde. Die Piloten der in der Bundesrepublik Deutschland stationierten und in Alarmbereitschaft versetzten F-15-Jäger stellten überrascht fest, dass die MiG-23 ohne Piloten und mit abgerissener Cockpitabdeckung flog. Sie erhielten den Befehl, das Flugzeug nur in letzter Konsequenz abzuschießen, da es in einer Höhe von 12.000 m über dicht besiedelten Gebieten flog und nicht vorhersehbar war, wo es abstürzen würde. Inzwischen überflog die MiG-23M die Bundesrepublik Deutschland und drang in den holländischen, nachfolgend den belgischen Luftraum ein, wo sie mit dem Aufbrauchen des Kraftstoffvorrats allmählich zu sinken begann. Der Absturz ereignete sich unglücklicherweise auf einem Bauernhof in der Nähe des Dorfes Bellegem und verletzte dabei den 19-jährigen V. Delare tödlich. Das Außenministerium der UdSSR erhielt Protestnoten der Regierungen von Holland und Belgien. Um die Zerstörung zu kompensieren, wurden 685.000 US-Dollar gezahlt.

Die MiG-23 wie auch die Jagdbomber der

MiG-27-Baureihe konnten für die entsprechenden Aufgaben unterschiedliche Flügelstellungen wählen und damit dem geforderten Flugregime anpassen. Für die aus Bomben- und Tiefflugangriffen bestehenden Aufgaben der MiG-27 erwies sich diese Eigenschaft als nützlich. Ein Visier- und Navigationssystem PrNK-23 unterstützte bei gezielten Angriffen auf Bodenziele den Einsatz von Bomben, ungelenkten Raketen sowie das Abfeuern der Bordkanone, gleichfalls die Lösung von Navigationsproblemen. Der PrNK-23-Komplex umfasste:

- einen digitalen Computer;
- das Navigationssystem KN-23;
- das optische Visier S-17WG;
- den Laser-Entfernungsmesser "Fon";
- Sensoren für Luftparameter.

Der Komplex erlaubte die Durchführung von elf verschiedenen Aufgaben, darunter das Fliegen entlang einer vorprogrammierten Route, die Rückkehr zum Startflugplatz oder einen von drei alternativ ausgewählten Flugplätzen, den Landeanflug, Bombeneinsätze außerhalb der Sicht sowie eine Reihe von anderen Aufgaben.

Neben dem PrNK-23-Komplex umfasste die MiG-27-Bordavionik unter anderem das automatische Kontrollsystem SAU-23B, das Störgerät SPS-141, das Sprachwarnsystem RI-65 (16 Nachrichten), den Navigationscomputer KN-23, den Responder SO-69, das Dopplergerät DISS-7, das Freund-Feind-Erkennungssystem SRO-1P / SRO-2, den Funkhöhenmesser RW-5R oder RW-15.

Das Flugzeug war stark bewaffnet, dazu zählten:

- eine sechsläufige Kanone GSh-6-30 vom Kaliber 30 mm und mit 265 Schuss Munitionvorrat;
- sieben Aufhängepunkte für eine Waffenlast von bis zu 4000 kg wie bspw. zwei Kanonenbehälter SPPU-22 mit jeweils einer doppelläufigen, nach unten schwenkbaren 23-mm-Kanone mit 260 Granaten;
- R-3S und R-13M Luft-Luft-Lenkraketen;
- Ch-23, Ch-25, Ch-27 oder Ch-29 Luft-Boden-Lenkraketen;
- ungelenkte Luft-Boden-Raketen S-24 / S-24B Kaliber 240 mm;
- Abschussbehälter UB-32A oder M und UB-16 mit ungelenkten 57-mm-Raketen;
- 22 Bomben mit einem Gewicht von 50 oder 100 kg oder 18 Bomben von 100 kg oder neun von 250 kg oder acht von 500 kg;
- Napalmbehälter ZB-500.

Nach den staatlichen Abnahmetests dienten ab Ende 1974 die ersten 43 aus dem Werk Nr. 39 in Irkutsk gelieferten MiG-27 der Einsatzerprobung und wurden hierzu dem 722. Jagdbomberflieger-

Jagdbombenflugzeug Mikojan-Gurewitsch MiG-27.

Dreiseitenansicht der MiG-27

Eine MiG-27 der russischen Luftstreitkräfte, wo der Dienst mit dem Jagdbomber 1994 beendet wurde.

regiment übergeben. Die einjährige Phase wurde nach 1130 Flugstunden Anfang 1976 abgeschlossen. Im Großen und Ganzen erwies sich die MiG-27 als schlagkräftig und zuverlässig, war jedoch nicht frei von "Kinderkrankheiten". Möglich waren fast alle einfachen und komplexen Kunstflugmanöver unter Einbeziehung einer Flügelpfeilung von 45 Grad, zudem konnte Kunstflug mit den meisten Waffenkombinationen unter maximaler Belastung durchgeführt werden. Mit größerer Zuladung wurden die Manöver natürlich zunehmend eingeschränkt. Ansonsten kam die MiG-27 auf eine Höchstgeschwindigkeit von 1800 km/h, reduziert auf 1350 km/h in Bodennähe, sie erreichte eine Dienstgipfelhöhe von 15.600 m sowie eine Reichweite von 1810 km.

Die MiG-27 wurde im Februar 1975 von den Luftstreitkräften der UdSSR offiziell übernommen und für einsatztauglich erklärt. Ab 1976 erhöhte sich die Zuführung des Jagdbombers stetig, zuerst erhielten die am nächsten zur NATO stationierten Verbände sowie Jagdbombenfliegerregimenter entlang zur Grenze der Volksrepublik China das Flugzeug. Insgesamt sollen 648 MiG-23B / BN sowie 764 MiG-27 gebaut worden sein. Die Feuertaufe erhielten sowjetische MiG-23 und MiG-27 während der Kampfhandlungen in Afghanistan 1979-1989.

Ein echter Konkurrent der Jagdbomber Su-7B, Su-17 und MiG-27 sollte das Angriffsflugzeug Su-25 werden, dass mit Unterschallgeschwindigkeit zum Ziel fliegt, es auf minimale Entfernungen sucht und selbst in stark verteidigten Zonen zerstört.

Militärwissenschaftler, die glaubten, dass über dem modernen Schlachtfeld kein Platz für unterschallschnelle Kampfflugzeuge sei, wurden spätestens von den Ergebnissen der Beresina-Übungen 1969 in Weißrussland eines Besseren belehrt. Mehrere Jagdbombenfliegerregimenter mit Su-7B, MiG-21 und MiG-17 waren hieran beteiligt, doch schnitten die MiG-17 bei der Bekämpfung von Bodenzielen am besten ab. Die Frage der Wirksamkeit der Luftnahunterstützung wurde von Vertretern der Konstruktionsbüros für Luftfahrzeuge und des 30. Zentralen Forschungsinstituts des Verteidigungsministeriums erörtert. Sie kamen letztlich zu dem Schluss, dass in Bodennähe zu fliegen und Kampfeinsätze mit einer Geschwindigkeit von 500-600 km/h durchzuführen, unterschallschnelle Angriffsflugzeuge zu einer effektiveren Waffe macht. Attacken konnten präziser gestaltet, die Überlebenschancen während der Kampfhandlungen erhöht werden. Dazu sollte das niedrig über dem Gefechtsfeld agierende Flugzeug natürlich über wirksame aktive und passive Schutzmaßnahmen verfügen. Befürworter zur Wiederbelebung der Schlachtflieger und zur Schaffung einer neuen Generation von Angriffsflugzeugen konnten sich in den späten 1960er Jahren zunehmend Gehör im Verteidigungsministerium der UdSSR verschaffen und begünstigten letztendlich einen Wettbewerb zur Entwicklung eines entsprechenden Flugzeugs. An dem 1969 vom Ministerium der Luftfahrtindustrie herausgegebenen Wettbewerb beteiligten sich vier führende Konstruktionsbüros. MiG und Jakowlew schlugen Modifikationen ihrer Serienflugzeuge MiG-21 und Jak-28 vor, während Iljuschin und Suchoi Neuentwicklungen präsentierten. Zum Schluss ging das OKB Suchoi mit seinem T-8 genannten Entwurf als Sieger hervor.

Umfangreiche Forschungs-und Entwicklungsarbeiten wurden in 40 Bereichen durchgeführt und berücksichtigten Hunderte Designvorschläge und andere Details. Der Prototyp T-8-1 nahm die Flugerprobung am 22. Februar 1975 auf, 1980 begannen nach verschiedenen Änderungen die Lieferungen des Flugzeugs an die Schlachtflieger der Luftstreitkräfte der UdSSR unter der Bezeichnung Su-25.

Suchoi Su-25

Die Su-25 ist ein zweistrahliger, einsitziger Schulterdecker, die Tragflügel sind an der Vorderkante um 20 Grad gepfeilt und sie verfügen über verschiedene Klappensysteme, Querruder und Vorflügel. Markant sind außerdem die spreizbaren Bremsklappen an den Flügelenden. Das gesamte Design des Flugzeugs entstand unter Berücksichtigung des Einsatzzwecks zur Unterstützung von Bodentruppen sowie direkten Angriffshandlungen aus niedrigen und extrem niedrigen Flughöhen heraus. So kommt weiträumig eine Panzerung aus Titanlegierungen zur Anwendung, auch das Cockpit ist von einer vollständig geschweißten Panzerung umgeben. Explosionsgeschützte Kraftstofftanks, Redundanz und zuverlässiger Schutz aller Systeme sorgen für Überlebensfähigkeit. Um beispielsweise ein Flugzeug zu steuern, werden Gestänge mit einem Durchmesser von 40 mm verwendet. Ein Geschoss vom Kaliber 12,7 mm kann diese nicht gefährden. Die beidseitig des Rumpfes angordneten Triebwerke verdecken die Kraftstofftanks und sind für eine Überlebensfähigkeit durch eine Panzerung vom Rumpf getrennt. Kombiniert mit aktiven Abwehrmaßnahmen wie Störsender und thermischen Fackeln trugen sie dazu bei, dass auf jede verlorene Su-25 in Afghanistan 2800 Flugstunden kamen.
Bei den ersten Serien des Kampfflugzeugs wurden R-95Sh-Triebwerke mit einem Schub von 40,17 kN Schub installiert, später wurden sie durch stärkere R-195-Triebwerke mit jeweils 42,13 kN Schubleistung ersetzt. Letztere zeichneten sich zudem durch eine geringere Hitzestrahlung aus. Beim Fliegen in Bodennähe waren damit maximal 975 km/h möglich, die praktische Dienstgipfelhöhe beträgt 10.000 m. Bei voller Bewaffnung mit 4000 kg Zuladung sowie vier externen Zusatztanks erzielt die Su-25 in dieser Höhe eine Reichweite von 1250 km, in Bodennähe sind es 750 km. Leistungsstarke Triebwerke, das Tragwerkskonzept sowie ein Dreipunktfahrwerk mit Niederdruckreifen erlaubten den Einsatz von unbefestigten Pisten. Während das in der Praxis kein Problem für die Su-25 darstellte, war der Einsatz der benötigten Tankwagen in durchnässtem Untergrund oftmals nicht möglich.

Zwei Su-25 der russischen Luftstreitkräfte im Anflug, unter dem Tragwerk zusätzliche Kraftstofftanks. (Foto: Russian MOD)

Dreiseitenansicht der Su-25UB

Schlachtflugzeug Su-25 (Foto: Sukhoi)

Su-25 in der Ansicht von hinten, wo es eine starke Beschädigung am rechten Triebwerk zu sehen ist.

Neben einer fest installierten, doppelläufigen 30-mm-Kanone und dem dazugehörigen 250 Schuss Munition konnte die Bewaffnung aus gut 4000 kg Abwurfmitteln an acht Unterflügelststionen bestehen. Möglich sind bspw. acht 500-kg-Bomben oder 32 Bomben zu je 100 kg oder 256 ungelenkte 57-mm-Raketen in Abschussbehältern. Auch Luft-Boden-Raketen schwererer Kalibers von bis zu 240 mm, Napalmtanks und gelenkte Raketen zur Selbstverteidigung oder für Attacken auf feste und bewegliche Bodenziele gehören zum Einsatzarsenal. Damit konnte eine Vielzahl von Zielen bekämpft werden, klassische Offensivoperationen gegen feindliche Panzer blieben eher eine Ausnahme. Ab 1981 kamen Su-25 großflächig über Afghanistan zum Kampfeinsatz, später auch während der russischen Operationen in Tschetschenien.
Bis 1989 entstanden folgende Serienmodifikationen:

- Su-25 als Hauptvariante des Schlachtflugzeugs
- Su-25UB, Su-25UTG / Su-28 als zweisitzige Trainings- und Angriffsflugzeuge.

Inzwischen gibt es weiterentwickelte Varianten mit modernisierter Avionik und besseren Möglichkeiten der Kampfführung, denn obwohl einfach und billig produziert sowie mit simpler Bordelektronik ausgestattet, zeigen Konflikte der jüngeren Vergangenheit eine veränderte (asymetrische) Kriegsführung auf, die auch eine Anpassung der Su-25 erforderten.

Die Notwendigkeit, Angriffsflugzeuge mit leistungsfähiger Avionik auszustatten, wurde schon wesentlich früher erkannt. Hierzu passt das am 21. August 1965 erlassene Dekret des Ministerrats der UdSSR zur Entwicklung eines schweren Jagdbombers. Den Zuschlag erhielt das Konstruktionsbüro von Pawel Suchoi.

Die gleiche Resolution beinhaltete auch die Entwicklung des luftgestützten "Puma"-Navigations- und Zielsystems sowie des Kanonenbehälters SPPU-6 und einer neuen Generation von Lenkwaffen. Das Flugzeug selbst wurde unter der Bezeichnung T-6 konstruiert. Neben modernen Avionik- und Waffeneinsatzsystemen wurde dabei großer Wert auf eine hohe Überlebensfähigkeit und unkomplizierte Wartung gelegt. Das mehrfache Vorhandensein wichtiger Baugruppen und Steuereinheiten sowie deren robuste Auslegung, ergänzt um Schutzmaßnahmen galten als wichtige Eckpunkte. Ein gutes Beispiel waren die internen Tanks, die sich mit Gas

Schlachtflugzeug Suchoi Su-25

Su-25 am Tag der Marine in St. Petersburg im Jahr 2022.

füllten, nachdem der Kraftstoffinhalt verbraucht war.

Nach einer mit Deltatragwerk ausgestatteten T-6-1 wurde eine mit Schwenkflügeln ausgerüstete T-6-2I gebaut und diese später als Serienvariante ausgewählt. Dieses Flugzeug konnte die Tragflügel bis zu 69 Grad zurückschwenken und damit hohe Überschallgeschwindigkeiten in allen Höhen erreichen. Für eine längere Reichweite gab es die Marschflugstellung von 35 Grad Flügelpfeilung, während bei 45 Grad und damit bei reduziertem Luftwiderstand eine höhere Manövrierfähigkeit möglich war.

Die geringste Pfeilung mit 16 Grad diente hauptsächlich guten Start- und Landeeigenschaften, auch auf weniger befestigten und nicht allzu langen Pisten. Das zweisitzige Cockpit war mit Schleudersitzen ausgestattet, als Novum saßen Pilot und Navigator nebeneinander.

Suchoi Su-24

Als Su-24 erhielt der Schwenkflügler zwei kräftige Ljulka-Strahltriebwerke AL-21F-3 mit maximal jeweils 110,3 kN Nachbrennerschub. Ohne Nachbrenner leisteten die Triebwerke je 75,5 kN. So konnten in großer Höhe 1700 und in Bodennähe bis zu 1400 km/h ereicht werden. Als Dienstgipfelhöhe wurden 11.000 m festgelegt, der Kampfradius betrug 600 km. Die Bewaffnung bestand aus einer sechsläufigen 23-mm-Kanone GSh-6-23, an acht unter Rumpf und Tragwerk befindlichen Aufhängepunkten konnte eine Kampflast von bis zu 7000 kg platziert werden. Möglich war die Zuladung von Bomben mit einem Gewicht von jeweils 100 bis 1500 kg, einzelner Waffenbehälter mit Submunition, Anti-Radar-Lenkwaffen oder weiterer Lenkraketen der Klassen "Luft-Luft" und "Luft-Boden". Weiterhin bestand die Möglichkeit, drei Kanonencontainer SPPU-6 mit je einer beweglichen 23-mm-Kanone zu befestigen.

Grundlage der Avionik des Flugzeugs bildet das Navigations- und Zielsystem PNS-24 "Puma". Es bietet die Lösung für folgende Aufgaben:

- Allwetter-Erkennung und gezielte Zerstörung taktischer Bodenziele bei Tag und Nacht;
- autonomer Flug durch Programmierung bestimmter Routen;
- die Möglichkeit eines sicheren Fluges in geringer Höhe und das Überfliegen von Bodenhindernissen;
- Option zum Abschuss von Luftzielen mit geringer Manövrierfähigkeit, wenn diese visuell oder mit Hilfe eines Wärmesensors erkannt werden.

Darüber hinaus umfasst die Ausstattung:

- Funknavigationsausrüstung;

In der Frontalansicht einer Su-24M erkennt man die relativ schmalen Lufteinlässe, die externen Stationen unter den Tragflügeln oder auch das robuste Fahrwerk des Bombers.

Su-24M und MR aufgereiht auf einem Flugplatz in der Ukraine.

- Funkkommunikationsgeräte;
- Ausrüstung zur Freund-Feind-Erkennung;
- Ausrüstung zur Warnung vor Strahlung und elektronischen Gegenmaßnahmen;
- Ausrüstung zur Überwachung und Aufzeichnung von Flugparametern;
- Aufklärungs- und Störausrüstung.

Der Erstflug des T-6-Prototyps mit Schwenkflügeln ist auf den 17. Januar 1970 datiert. Das Flugzeug wurde 1972 und noch vor Abschluss der Werkserprobung als Su-24 in die Serienfertigung übernommen und fortan als Frontbomber eingestuft. Den Serienbau bewerkstelligte das Flugzeugwerk Nr. 153 in Nowosibirsk, als wichtiger Zulieferer fungierte das Flugzeugwerk Nr. 126 in Komsomolsk-am-Amur. Insgesamt wurden bis zum Produktionsende 1993 rund 1400 Maschinen dieses Typs produziert. Eine große Anzahl der ersten Serienflugzeuge wurde innerhalb der staatlichen Testreihen eingesetzt (13 Serien- und 3 Versuchsmaschinen). 1973 gingen mehrere Su-24 auch an das 4. Zentrum für Gefechtsausbildung der sowjetischen Luftstreitkräfte in Lipezk.

Die staatlichen Abnahmetests der Su-24 durchliefen mehrere Phasen bis 1976, während die offizielle Indienststellung mit dem Dekret des Ministerrats der UdSSR vom 4. Februar 1975 erfolgte. Schon bald stationierte man Su-24-Einheiten in Richtung Westen und aufgrund des erheblichen Produktionstempos wurden diese Flugzeuge bald zu einem wichtigen Bestandteil der Luftstreitkräfte aller Militärbezirke sowie der westlichen und nördlichen Gruppen der sowjetischen Streitkräfte. In westlicher Richtung befand sich in jedem Militärbezirk mindestens eine Bomberdivision mit Su-24. Die Divisionen sollten in der Lage sein, eine Offensive der Frontfliegerkräfte in einem engen Sektor zu unterstützen sowie im Verbund mit Jagdbomberregimentern zu handeln. Die Feuertaufe der sowjetischen Su-24 erfolgte in Afghanistan.

Neben dem Grundmodell der Su-24 wurden folgende Varianten produziert:

- Su-24M – als Frontbomber mit einem neuen Navigations- und Zielsystem PNS-24M "Tiger", das den Flug im automatischen und halbautomatischen Modus im Geländefolgeflug in einer Höhe von 50 m ermöglicht. Erstflug im Jahr 1976, etwa 770 Exemplare;
- Su-24MK - Exportmodifikation mit vereinfachter Avionik und Waffen. Erstflug 1987;
- Su-24MP - elektronische Kampfflugzeuge. Erstflug 1979;
- Su-24MR – Aufklärungsflugzeug, Erstflug 1980, ungefähr 130 Maschinen wurden produziert.

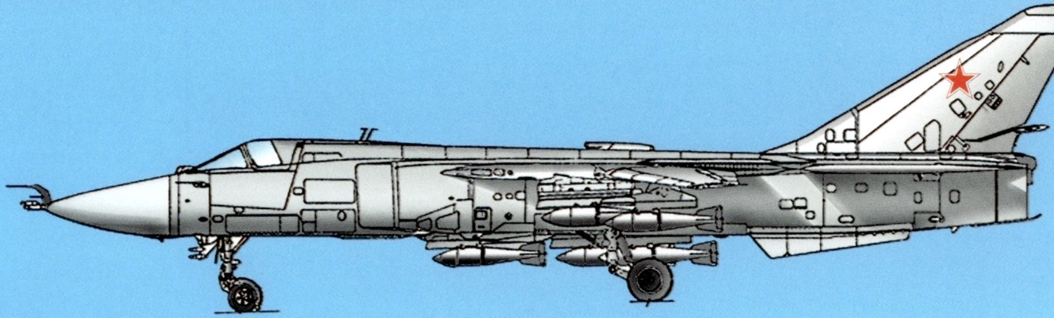

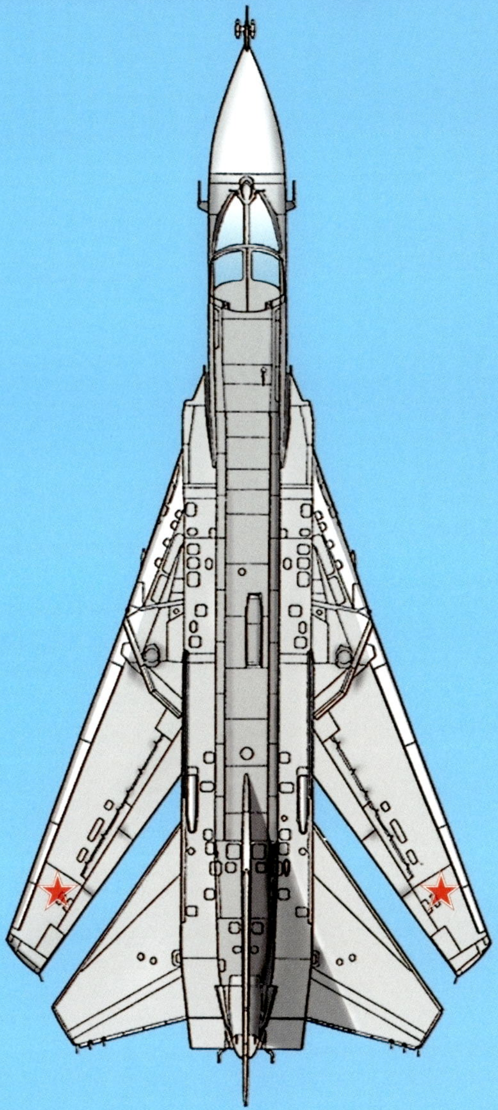

Dreiseitenansicht der Su-24.

Die Su-24 ist ein Schwenkflügler, mit der abgebildeten Flügelstellung sind wirtschaftliche Marschflüge möglich. Für eine erhöhte Flugdauer trägt das Flugzeug zusätzlich externe Tanks mit 3000 l Inhalt.

Das OKB Suchoi hatte im Laufe der Jahre einen merklichen Aufstieg unter den sowjetischen Flugzeugentwicklern zu verzeichnen und sich weit aus dem Schatten bereits bestehender Konstruktionsbüros bewegt. Hier wurden nicht nur leistungsfähige Jagdbomber wie die oben beschriebenen Su-7B und Su-17, Su-24 und Su-25, sondern auch erfolgreiche Abfangjäger konzipiert.

Bremsschirme verkürzen die Landestrecke auf 1000 m.

Frontbomber Suchoi Su-24

Eine Su-24M im Steigflug. Beim Start ist ein Abfluggewicht von bis zu 39.700 kg möglich, eingeschlossen eine Waffenlast von bis zu 8000 kg.

Suchoi Su-9 und Su-15

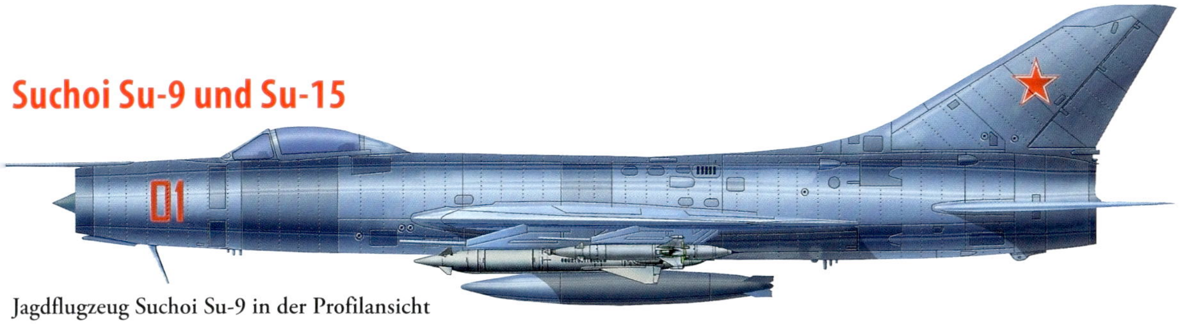

Jagdflugzeug Suchoi Su-9 in der Profilansicht

Zunächst geht es um die Su-9 (die Typenbezeichnung wurde hier ein zweites Mal verwendet), die auf Grundlage des Beschlusses des Ministerrats der UdSSR vom 16. April 1958 als Teil eines Abwehrkomplexes zum Abfangen von Luftzielen entstehen sollte und zugleich Bodenleit- und Kontrollsysteme einbezog. Bereits vorliegende Designvorschläge und Erprobungen mit Versuchsflugzeugen ermöglichten ein hohes Tempo zur Realisierung eines Abfangjägers sowie die Überführung in die Erprobung. Nach dem im Oktober 1957 durchgeführten Erstflug des Prototyps begannen die staatlichen Testreihen am 3. Dezember des Folgejahres. Nach insgesamt 407 Testflügen bestätigte die staatliche Kommission am 9. April 1960, dass alle wesentlichen Parameter, die durch Regierungserlasse festgelegt wurden, erfüllt werden konnten. Am wichtigsten schien, dass das Abfangen von Luftzielen, die mit 800 bis 1600 km/h in Höhen von 5000 bis 20.000 m flogen, mit einer Wahrscheinlichkeit von 0,7 bis 0,9 möglich war und der maximale Aktionsradius 430 km betrug.

Im Oktober 1960 wurde der Abfangkomplex Su-9-51 von der Luftverteidigung der UdSSR übernommen, zu dem auch das Flugzeugradar RP-9U und die Luft-Luft-Lenkraketen RS-2-51 gehörten. Der Serienbau hatte bereits begonnen und lief von 1958-1962 im Herstellerwerk Nr. 153 in Nowosibirsk sowie von 1959-1962 im Werk Nr. 30 in Moskau und ergab zum Schluss eine Stückzahl von mehr als 1000 Exemplaren. Zwischen 1961 und 1962 wurden zudem 50 Schulflugzeuge in der Ausführung Su-9U gebaut. Die Lieferung an die Jagdfliegerregimenter der Luftverteidigung erfolgte ab Juni 1959 und damit auch die Ablösung der älteren MiG-15 und MiG-17.

Vom Layout her ähnelte die Su-9 der MiG-21, fiel aber größer und schwerer aus. Auch die Su-9 war ein einstrahliger Mitteldecker mit einem an der Vorderkante um 60 Grad gepfeilten Deltatragwerk, gepfeiltem Leitwerk sowie dreiteiligem Einziehfahrwerk in Bugradanordnung. Der Rumpf, in Halbschalenbauweise hergestellt, besaß eine Schnittstelle und unterteilte sich damit in den vorderen und hinteren Bereich. Der Vorderrumpf nahm unter anderem die Druckkabine des Piloten auf, die aus einem feststehenden Vorderteil aus Panzerglas sowie einem verschiebbaren Teil aus hitzebeständigem Plexiglas be-

Bis Mitte der 1960er-Jahre hatten 27 sowjetische Jagdfliegerregimenter die Su-9 in ihrem Bestand, verbunden mit einer anfänglich hohen Abschreibungsrate.

Als Modifikation der Su-9 erhielt die Su-11 ein stärkeres Triebwerk, ein neues Radar und einen neuen Schleudersitz. Die Bewaffnung bestand aus gelenkten Luft-Luft-Raketen R-8M.

Der Einsatz mit der Su-11 verlief störungsfreier als mit dem Vorgänger, allerdings wurden von ihr lediglich 108 Exemplare gebaut.

stand. Als Triebwerk wurde zunächst ein AL-7F-1 mit einem Trockenschub von 66,7 und einem Nachbrennerschub von 94,1 kN, später noch leistungsstärkere Baureihen, verwendet. Mit dem starken Antrieb waren in Bodennähe 1150 km/h und in großer Höhe 2230 km/h Maximalgeschwindigkeit möglich, hinzu kam eine Dienstgipfelhöhe von beachtlichen 20.000 m. Mit zwei extern mitgeführten Zusatztanks betrug die Reichweite 1710 km, ohne diese Behälter 1260 km. Die übliche Bewaffnung bestand zuerst aus vier RS-2US-Lenkraketen oder später aus zwei RS-2US sowie zwei R-55 als Ableitung mit Infrarotsucher.

Im Februar 1962 begann der Einsatz der Suchoi Su-11 als weiterentwickelter Abfangkomplex mit verbessertem RP-11-Radar und wirksameren R-8M-Luft-Luft-Lenkraketen. Beide Komponenten glichen die etwas verschlechterten Flugeigenschaften und größeren Massen gegenüber der Su-9 aus. Die Serienproduktion der Su-11 übernahm wiederum das Herstellerwerk Nr. 153 in Nowosibirsk, ihr

An sechs externen Aufhängepunkten konnte die Su-15TM Waffen mitführen. Als Modifikation besaß diese Baureihe ein Doppeldeltatragwerk.

Su-15TM mit R-98-Raketen bewaffnet.

Dienst dauerte gut 20 Jahre bis Anfang der 1980er Jahre an. Allerdings wurden nur 108 Exemplare gefertigt und stellten in gewisser Weise ein "Übergangsmodell" zur neu konzipierten, zweistrahligen Su-15 dar. Mit dem Aufkommen neuer westlicher Kampfflugzeuge in den späten 1950er und frühen 1960er Jahren benötigte auch die sowjetische Luftverteidigung leistungsfähigere Jagdflugzeuge, die über eine größere Abfangreichweite sowie die Möglichkeit zum Angriff aus der vorderen Hemisphere verfügten.

Das OKB Suchoi beschäftigte sich ausgiebig mit der Konstruktion eines entsprechenden Musters, testete verschiedene Konfigurationen mit einem aus ein oder zwei Strahltriebwerken bestehenden Antrieb. Zwei R-11F-300-Triebwerke versprachen die besten Ergebnisse und zugleich eine höhere Sicherheit und Zuverlässigkeit gegenüber nur einem Antriebsaggregat. Als zweistrahlige Ausführung entstand das von Suchoi als T58D bezeichnete Versuchsmuster. Das Design hatte 1961 detaillierte Formen angenommen und der Bau des ersten Prototyps wurde im Frühjahr 1962 vollendet. Testpilot Wladimir Iljuschin unternahm den Erstflug am 30. Mai 1962, die Werkserprobung lief bis zum Sommer 1963. Basierend auf den Testergebnissen gab es einige Änderungen am Flugzeug: Die Radarverkleidung am Bug wurde leicht verlängert, die Leitwerksfläche vergrößert, die Fahrwerksstreben verstärkt und der Bremsschirm weiter oben platziert. Diese Modifikationen wurden an zwei weiteren Versuchsmaschinen T58D-2 und T58D-3 ab Mai 1963 bzw. Oktober 1963 im Fluge erprobt. Zusätzlich fanden von August 1963 bis Juni 1964 die staatlichen Erprobungen statt und führten letztendlich zum Abfangkomplex Su-15-98, das modernere Oreol D58-Radar, R-98-Luftkampfraketen und natürlich den eigentlichen Abfangjäger Su-15 eingeschlossen.

Wegen des relativ großen Radars, dass in der Bugnase installiert war, erhielten die Triebwerke ihre Luftzufuhr über seitlich am Rumpf liegende, rechteckige und verstellbare Einlässe. Bei der aerodynamischen Formgebung setzte Suchoi auch verschiedene Empfehlungen des ZAGI, etwa an Rumpf und Tragwerk oder auch dem Cockpitbereich um. Das Design der Su-15 wirkte insgesamt recht elegant. Dem spitzen Rumpfbug samt Radar folgten der Raum für das Bugradfahrwerk sowie das Cockpitabteil, das aus einer Druckkabine mit Schleudersitz und feststehendem Panzerglas sowie einer verschiebbaren Cockpithaube aus hitzebeständigem Plexiglas bestand. Dahinter war die Funkausrüstung untergebracht, gefolgt von den internen Kraftstofftanks und den beiden Strahltriebwerken. Das Tragwerk ist an vier Punkten entlang der Spanten 16, 21, 25 und 28 am Rumpf befestigt, die Triebwerke befinden sich in Höhe der Spanten 28 und 34. Die ersten Versionen der Su-15 besaßen ein Deltatragwerk ähnlich den Vorgängern und mit 60 Grad Vorderkantenpfeilung, spätere Baureihen erhielten ein Doppeldeltatragwerk. Der Heckbereich bestand aus einer strukturellen Einheit und verfügte über vier Bremsklappen. Die Seitenflosse am Heck war mit einem großflächigen Ruder ausgestattet und die Höhenflossen waren voll beweglich, ihre Struktur genietet. Neben dem doppelt bereiften Bugrad gehörten zwei einfach bereifte Baugruppen, die in die Tragflügel einzogen, zum Fahrwerk. Die Su-15 verfügte über zwei Strahltriebwerke R-11F2S-300 oder R-11F2SU-300 mit einem Schub von jeweils 38,2 kN ohne und jeweils 60,78 kN mit Nachbrenner. Spätere Serien erhielten zwei R-13-300 mit jeweils 64,7 kN Nachbrennerleistung. Drei Rumpf- und zwei Flügeltanks nahmen insgesamt 8060 Liter Kraftstoff auf. Die Avioniksysteme des Flugzeugs erlaubten die Navigation bei Tag und Nacht, unter einfachen und schwierigen Wetterbedingungen. Zum Waffensystem zählten neben dem RP-15M-Radar (Oreol D58M) üblicherweise zwei R-98-Luft-Luft-Raketen. Sie waren jeweils an einer PU-1-8-Startvorrichtung unter dem Tragflügel angebracht. Normal war die Bestückung mit einer R-98R mit PARG-1WW-Radarsuchkopf sowie einer R-98T mit S1D-Infrarotsuchkopf, was die Trefferwahrscheinlichkeit erhöhte. Sie konnten einzeln oder im Verbund abgefeuert werden, ergänzt um Kanonenbehälter oder R-60-Kurzstreckenraketen. Die praktische Dienstgipfelhöhe der Su-15 lag bei 17.000 bis 18.500 m, wobei die unterschiedliche Ausstattung der Radarverkleidung am Bug (konisch oder ogival) eine Rolle spielte. Die Reichweite des Abfangjägers betrug 1550 km, die Höchstgeschwindigkeit in Bodennähe 1200 und in großen Höhen 2230 km/h.

Technisch und gemäß ihren Eigenschaften wird die Su-15 als Jäger der dritten Generation eingestuft. Der Komplex Su-15-98 wurde im April 1965 vom Ministerrat der UdSSR angenommen und für die Serienfertigung das Herstellerwerk Nr. 153 in Nowosibirsk ausgewählt. Es wurden knapp 1300 Exemplare gebaut. Die Auslieferung an die Jagdfliegerregimenter begann 1967, im selben Jahr wurde die Su-15 erstmals der Öffentlichkeit zur Luftparade in Moskau-Domodedowo gezeigt. Im Einsatz bewachte das Flugzeug die Grenzen der Sowjetunion und erlangte durch zwei Zwischenfälle internationale Aufmerksamkeit. Am 20. April 1978 wurde eine Passagiermaschine vom Typ Boeing 707 der südkoreanischen Fluggesellschaft KAL über dem Territorium Kareliens abgefangen und von Su-15 zur Notlandung gezwungen. Am 1. September 1983 verletzte ein anderes Verkehrsflugzeug, diesmal eine wiederum zur KAL gehörende Boeing 747, den sowjetischen Luftraum über Sachalin. Dieser Flug endete auf tragische Weise mit dem Abschuss durch eine Su-15.

Abgesehen vom OKB Suchoi entstand im MiG-Konstruktionsbüro mit der MiG-25 ein weiterer und in diesem Fall schwerer Abfangjäger für die Regimenter der sowjetischen Luftverteidigungskräfte.

Erste Forschungen zur Schaffung eines Hochgeschwindigkeitsabfangjägers begannen bei Mikojan bereits in den späten 1950er Jahren. Insbesondere die amerikanische Lockheed A-11, die in der Lage sein sollte, eine Höchstgeschwindigkeit von 3300 km/h sowie eine Reichweite von 5230 km zu erreichen und in Höhen von bis zu 26.000 m operierte, galt es mit diesem Flugzeug abzuwehren. Ende Dezember 1962 nahm die hypothetische Gefahr reale Gestalt an, als Lockheed den Auftrag zum Bau von sechs A-11-Prototypen erhielt. Die weitere Entwicklung führte bekanntlich zum strategischen Aufklärungsflugzeug SR-71 und andere Versionen wie die eines Abfangjägers waren geplant. Um diese Maschinen wie auch die überschallschnellen Bomber B-58 und XB-70 bekämpfen zu können, schlug das Verteidigungsministerium der UdSSR Mikojan vor, einen Höchgeschwindigkeitsjäger E-155 und daraus wiederum einen Höhenaufklärer zu entwickeln. Mit dem am 5. Februar 1962 verabschiedeten Dekret des Ministerrats der UdSSR kam der entsprechende Auftrag für die E-155P als Jagd- sowie E-155R als Aufklärungsflugzeug. Dabei zählte die E-155P zum Abfangkomplex S-155. Der beinhaltete neben dem Flugzeug und dem dazugehörigen "Smerch A"-Radar sowie Luft-Luft-Lenkraketen als Bewaffnung auch bodengestützte Stellen mit dem automatisierten

Auch der zweisitzige Trainer Su-15UT konnte Lenkraketen gegen Luftziele einsetzen.

Jagdflugzeug Suchoi Su-15TM

„Lasur"-Leitsystem zur Übermittlung sprechfunkloser Kommandos.

Die Konstrukteure hatten vor allem zwei Probleme zu lösen: einen Antrieb für hohe Überschallgeschwindigkeiten und zugleich die Überwindung der Hitzebarriere. Das Triebwerk kam von Tumanski und entwickelte als R-15B-300 einen beachtlichen Nachbrennerschub von 109,8 kN. Es wurde beschlossen, zwei dieser Triebwerke in den Hinterrumpf einzubauen. Als anspruchsvolle Aufgabe erwies sich zudem die Überwindung der Hitzebarriere. Bei einer für den Abfangjäger einkalkulierten Geschwindigkeit von Mach 3 konnte sich die Struktur auf 300 Grad Celsius aufheizen. Da die Verwendung des meistgenutzten Materials im Flugzeugbau – Aluminium – nur 130 Grad verkraftete, wurde Titan als Werkstoff vorgeschlagen. Allerdings verhinderten die damaligen technologischen Möglichkeiten die großflächige Nutzung von Titan, sodass auf Edelstahl der Güte VNS-2, VNS-4 und VNS-5 bei rund 80% des Baus der Zelle zurückgegriffen wurde. Immerhin machten doch noch 8% der verbauten Materialien Titan aus, zusätzlich entfielen gut 11% auf hitzebeständige Legierungen. Mit der Verwendung von Stahl wurde ein halbautomatischer Schweißprozess zur Herstellung der Flugzeugzelle entwickelt.

Vier Versuchsflugzeuge, zwei E-155P und zwei E-155R, wurden 1962/63 montiert. Als erstes flog die Aufklärerversion am 6. März 1964 zum ersten Mal, der Jägerprototyp E-155P begann am 9. September desselben Jahres mit der Flugerprobung. Ein gutes Jahr später flog am 16. September 1965 auch der zweite Jägerprototyp. Für eine umfängliche Erprobung der neuen Flugzeuge wurde das Herstellerwerk Nr. 21 in Gorki eingespannt und erlaubte bis Sommer 1967 die Nutzung von acht Testmaschinen – fünf E-155P und drei E-155R. Am 9. Juli 1967 erzielte die Präsentation von vier Abfangjägern E-155P auf der Luftparade in Domodedowo große Aufmerksamkeit. Schließlich waren neben den Versuchsmaschinen auch die ersten Serienflugzeuge bei den staatlichen Abnahmetests des S-155-Abfangkomplexes beteiligt, die im Dezember 1965 begonnen hatten. Im November 1968 endete die erste Phase dieser Tests, nach denen eine vorläufige Entscheidung zur Überführung in den Serienbau der E-155P getroffen wurde. Die zweite Testphase wurde im Mai 1970 erfolgreich abgeschlossen. Etwa zeitgleich begann die Lieferung von Flugzeugen an das Ausbildungszentrum der Luftverteidigung in Sawostlejka und an die Luftverteidigungsregimenter. Mit dem Dekret des Ministerrats der UdSSR vom 13. April 1972 wurde das Flugzeug als MiG-25 und als Teil des S-155-Systems akzeptiert.

Die Serienproduktion verschiedener Baureihen der MiG-25 wurde bis 1985 fortgesetzt und ergab zum Schluss gut 1190 Exemplare.

Mikojan-Gurewitsch MiG-25

Die MiG-25 ist ein freitagender Schulterdecker mit trapezartigem Tragwerk, dessen Pfeilung sich an der Vorderkante leicht von 41,02 bis 42,3 Grad verändert. Beim Aufklärer beträgt die Pfeilung kontinuierlich 41,02 Grad. Die Tragflügel bestehen aus Edelstahl und Titan, verfügen über zweiteilige Querruder und nehmen zudem Kraftstofftanks auf. Der in Schalenbauweise gefertigte Rumpf ist in mehrere Sektionen unterteilt. Zwischen den Spanten 1 und 2 befindet sich die Druckkabine mit Schleudersitz. Der zentrale Teil des Rumpfes ist eine komplett geschweißte Edelstahleinheit und nimmt weiteren Kraftstoff in sechs Tanks auf. Dieser Abschnitt gilt als der am stärksten belastete Teil des Rumpfes, mit dem die vorderen und hinteren Sektionen sowie Lufteinlässe und Tragwerk verbunden sind. Am Heck befinden sich Bremsklappen und die dazugehörigen Hydraulikzylinder, an der Unterseite zusätzliche Stabilisierungsflossen. Das doppelte Seitenleitwerk besteht aus zwei um 11° nach außen geneigten Flossen sowie den voll beweglichen Höhenrudern. Die Hauptfahrwerke sind einfach, das Bugrad doppelt bereift.

Basis der funkelektronischen Ausrüstung an Bord des Abfangjägers war zunächst das Radar RP-25 „Smerch-A", doch nach der Entführung einer MiG-25P durch den Piloten Wiktor I. Belenko nach Japan 1976 wurde dieses Gerät durch das Safir S-25 ersetzt. Hinzu kam der Infrarotsucher TP-23. Das so modifizierte Flugzeug erhielt die Bezeichnung MiG-25PD und wurde ab 1978 produziert. Bis 1979 erfolgte außerdem die Umrüstung aller bisher ausgelieferten MiG-25P auf diesen Standard und sie erhielten nachfolgend die Bezeichnung MiG-25PDS.

Die Bewaffnung des Flugzeugs bestand aus vier Langstrecken-Lenkraketen der Typen R-40T (R-40TD) mit Wärmebildsuchkopf und R-40R (R-40RD) mit einem halbaktiven Radarsucher (maximale Abschussreichweite bei hoch fliegenden Zielen auf Kollisionskurs 35-60 km).

Die MiG-25 besaß außergewöhnliche Flugleistungen. In großer Höhe entwickelte sie eine Geschwindigkeit von bis zu 3000 km/h, in Bodennähe konnte sie mit bis zu 1200 km/h fliegen. Bei einer Geschwindigkeit von Mach 2,35 (2500 km/h) betrug die praktische Reichweite 1250 km, mit Unterschallgeschwindigkeit 1730 km. Als Dienstgipfelhöhe werden 20.700 m angegeben. Möglich machten dies zwei kräftige Strahltriebwerke, die von mächtigen, seitlich am Rumpf liegenden und verstellbar ausgelegten Lufteinlässen versorgt wurden.

Die MiG-25 wird normalerweise als Jagdflugzeug der dritten Generation klassifiziert. Neben den sowjetischen Streitkräften verwendeten Algeri-

Schulterdeckertragwerk, zwei Seitenflossen und mächtige Lufteinlässe zeichnen die MiG-25 aus.

Jagdflugzeug Mikojan-Gurewitsch MiG-25

en, Bulgarien, Indien, Irak, Libyen und Syrien das Flugzeug und es nahm aktiv an lokalen militärischen Konflikten teil.

Amerikanische und japanische Luftfahrtspezialisten hatten die Gelegenheit, sich im September 1976 mit der MiG-25 im Detail vertraut zu machen. Zum ersten Mal in der Geschichte der sowjetischen Luftfahrt hatte ein Militärpilot, Leutnant Wiktor Belenko, ein Flugzeug dieser Art ins Ausland, nach Japan entführt. In den anschließend veröffentlichten Berichten wurde die MiG-25 als der leistungsstärkste Abfangjäger weltweit bezeichnet, andererseits die funkelektronische Bordausrüstung als eher primitiv eingeschätzt. Einer der Experten hatte die Bordelektronik dieser MiG-25 mit der Ausrüstung der amerikanischen F-4 Phantom II wie folgt verglichen: „Es ist wie der Vergleich zwischen einem Grammophon und einem Transistorempfänger". Letztendlich

Start eines Abfangjäger MiG-25P mit Nachbrenner – das macht zweimal 110 kN Schub.

Dreiseitenansicht der MiG-25

Vor dem ersten erhielt die Trainervariante MiG-25PU ein zweites Cockpit für den Flugschüler.

Röntgenschnitt der MiG-25PU

Nicht oft erhielt der Mach 3 schnelle Jäger ein geflecktes Tarnschema wie hier im Bild.

standen die Systeme im Verbund nicht schlechter da als die des Westens, das leistungsstarke Radar übertraf in mancher Hinsicht ähnliche Systeme. Es basierte auf elektronischen Vakuumröhren und war dadurch gegenüber elektromagnetischen Impulsen unempfindlicher als Halbleitertechnik. Im Allgemeinen erhielt das Flugzeug die Bewertung: „Ein konkurrenzloser Abfangjäger in großer Höhe, dessen charakteristische Merkmale die Einfachheit des Designs, seine Leistungsstärke, Zuverlässigkeit, Wartungsfreundlichkeit und die Möglichkeit auch von durchschnittlich qualifizierten Piloten geflogen werden zu können, darstellen".

Die MiG-25 konnte beim Start bis zu 41.000 kg auf die Waage bringen, doch sie war nicht das schwerste Kampfflugzeug der sowjetischen Luftverteidigung. Von Mitte der 1960er Jahre bis Ende der 1980er Jahre flogen sechs Luftverteidigungsregimenter noch schwerere Langstreckenabfangjäger vom Typ Tu-128. Deren Entstehung ist auf die Tatsache zurückzuführen, dass in den 1950er Jahren Raketensysteme zur Luftabwehr nur eine kurze Reichweite besaßen und vor allem große Industrie- und Verwaltungszentren schützten, ebenso wie die damaligen Abfangjäger über eine zu kurze Flugdauer verfügten, um die gewaltigen Grenzen der Sowjetunion zu überwachen. Bei Luftraumverletzungen war die Vorwarnzeit zu kurz, Alarm, das Aufsteigen der Flugzeuge und das Suchen des Eindringlings erforderten viel Zeit. Den Ausweg aus dieser Situation sollte ein Abfangjäger ermöglichen, der lange Strecken patrouillieren konnte oder über boden- und luftgestützte Radaranlagen zum Ziel beordert wurde. Nur so war es möglich die Grenzen entlang den Weiten Sibiriens und des Fernen Ostens abzusichern. Entsprechende Resolutionen zur Schaffung eines solchen Abfangjägers wurden vom Zentralkomitee der UdSSR sowie des Ministerrats unter Nr. 608-293 sowie Nr. 1013-482 am 4. Juni sowie am 28. August 1958 erlassen. Sie umfassten den Bau des Langstreckenabfangkomplexes Tu-28-80, zu dem das eigentliche Abfangjagdflugzeug mit neuen leistungsstarken Dobrynin-Strahltriebwerken WD-17 und die weit reichenden Luft-Luft-Lenkraketen K-80 mit unterschiedlichen Zielsuchköpfen zählten.

Tupolew Tu-128

Profilbild der Tupolew Tu-128

Im Juni 1959 stellte das OKB Tupolew den ersten, intern als "128" bezeichneten Entwurf dem Kommando der Luftstreitkräfte vor. Die Detailkonzeption begann nach der Bewertung einer originalgroßen Attrappe und der Genehmigung durch die Kommission der Luftstreitkräfte im August desselben Jahres. Schließlich konnte der Prototyp am 23. Januar 1961 zur Werkserprobung übergeben werden und absolvierte am 18. März seinen Erstflug. Wie so oft üblich in der sowjetischen Luftfahrt, liefen parallel zur Erprobung bereits die Vorbereitungen zur Serienproduktion an. Diese lief dann im Herstellerwerk Nr. 64 in Woronesch. Das erste Serienlos umfasste vier Maschinen und die erste davon flog am 13. Mai 1961 zum ersten Mal.

Während der staatlichen Tests im Jahr 1963 erhielt der Abfangkomplex die Bezeichnung Tu-128S-4, der Abfangjäger selbst hieß Tu-128 und aus den K-80-Lenkraketen wurden die R-4T sowie R-4R mit Infrarot- bzw. Radarzielsucher. Mit dem Dekret des Ministerrats der UdSSR Nr. 361-132 sowie der Verordnung des Verteidigungsministers Nr. 0040 wurde der Abfangkomplex offiziell im April 1965 in Dienst gestellt. Zwischen 1961 und 1970 wurden 188 Abfangjäger Tu-128 hergestellt, hinzu kamen zehn dreisitzige Trainingsflugzeuge Tu-128UT.

Serienmäßig hatte die Tu-128 einen nach der Flächenregel entworfenen Rumpf in Halbschalenbauweise erhalten. Technisch gesehen in die vordere und hintere Sektion unterteilt, nahm das Flugzeug

CG-Bild einer Tu-128 mit Lenkraketenbewaffnung.

Dreiseitenansicht der Tu-128

Sechs Einsatzregimenter der sowjetischen Luftverteidigung nutzten die Tu-128 zur Absicherung der gewaltigen Grenzen des Landes.

Etwas skurril mutet der dreisitzige Trainer Tu-128UT an und wurde deshalb intern auch als „Pelikan“ betitelt.

im Bug die Radarausrüstung und nachfolgend die Druckkabine für die zweiköpfige Besatzung auf. Weiter hinten folgten zehn elastische Kraftstofftanks sowie ein kleiner, 20 l fassender Benzintank zum Starten der beiden AL-7F-1-Triebwerke. Die zweiholmigen Tragflügel fielen im Mittelteil durch Gondeln auf, die zur Unterbringung der Hauptfahrwerke dienten. Außerdem fanden insgesamt vier weitere Kraftstofftanks ihren Platz im Tragwerk, dass an der Hinterkante über verschiedene Klappensysteme und Querruder verfügte und an Außenlastträgern die Raketenbewaffnung aufnahm. Die Höhenleitwerke waren voll beweglich und wie die Seitenflossen gepfeilt. Zum Fahrwerk gehörten neben den beiden vierrädrigen Hauptbaugruppen auch das doppelt bereifte Bugrad, allesamt mit ölpneumatischen Stoßdämpfern und hydraulischen Antrieben ausgestattet. Die Avionik der Tu-128 beinhaltete unter anderem das Radar RP-5 "Smerch", das Leitgerät ARL-SM sowie die Bodenleitanlage Air-1M, das Flugnavigationssystem Put-4P, den Autopiloten AP-7P oder auch die Funkstation 1RSB-70-US-8.

Für das große Flugzeug mit einer Abflugmasse von bis zu 43.000 kg fielen die Leistungen mehr als akzeptabel aus. Mit vier Lenkraketen erreichte die Tu-128 eine Höchstgeschwindigkeit von 1655 km/h, ohne waren es 1910 km/h. Die Dienstgipfelhöhe betrug 15.600 m und die praktische Reichweite 2565 km.

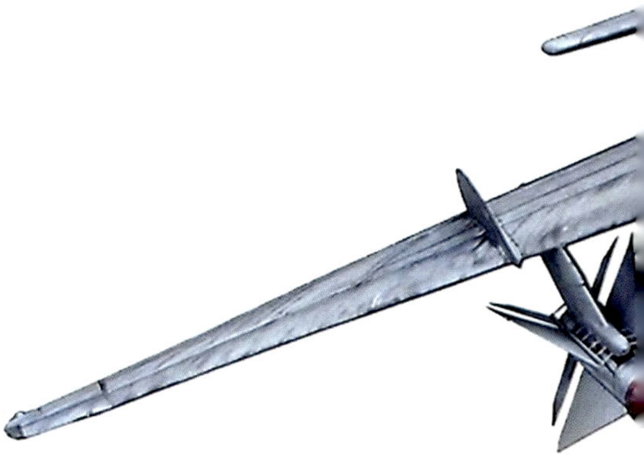

Für den Kampfeinsatz des Tu-128S-4-Abfangkomplexes gab es mehrere Optionen. Zum einen war die Erkennung von Zielen und das Führen zum Ziel durch Bodenstationen oder zum anderen durch entsprechende AWACS-Flugzeuge wie seinerzeit der viermotorigen Tu-126 möglich. Oft gaben diese Flugzeuge aber nur den Kurs und den Umfang des erfassten Zieles an, weitere Suchvorgänge übernahm dann die Tu-128 selbst. Außerdem gab es für die Tu-128 die Option, die Abfangaktionen völlig autonom ohne Hilfe von boden- oder luftgestützten Systemen zu gestalten. Hier wurde dem Abfangjäger und seiner Besatzung ein bestimmtes Areal zugewiesen, wo die Zielsuche eigenständig übernommen wurde. Hierbei konnte eine Einsatzdauer von 2,5 h gewährleistet werden und die Entfernung von den Landesgrenzen bis zu 1100 km betragen.

Jagdflugzeug Tupolew Tu-128

Der Weg der sowjetischen Militärluftfahrt ins Zeitalter der strahlgetriebenen Kampfflugzeuge stellte den verlorenen Status der UdSSR als große Luftmacht nach dem Zweiten Weltkrieg wieder her. Sowjetische Jagdflugzeuge erwiesen sich 1950-1953 in den Luftschlachten über Korea als hervorragend, sie wurden auch im Verlauf weiterer militärischer Konflikte in verschiedenen Regionen der Welt erfolgreich eingesetzt.

Eine harte Bewährungsprobe für die sowjetischen Luftstreitkräfte stellte das Engagement in Afghanistan von 1979-1989 dar, auch mit "Internationaler Dienst auf dem Territorium der Demokratischen Republik Afghanistan" betitelt. Um die zu erwartenden Kampfeinsätze des "Begrenzten Kontingents der sowjetischen Streitkräfte" (40. Armee) erfolgreich durchzuführen, bildete man das 34. Gemischte Fliegerkorps.

Das Fliegerkorps bestand ursprünglich aus sechs Jagd-, Jagdbomber- und Hubschrauberstaffeln (54 Flugzeuge, 20 Hubschrauber). Im Zusammenhang mit der Verschärfung der Feindseligkeiten im März / April 1980 erwies es sich als notwendig, die fliegende Komponente zu verstärken und das 34. Fliegerkorps wurde in die Luftstreitkräfte der 40. Armee umgewandelt. Zusätzliche Hubschrauber- und Jagdbomberstaffeln wurden nach Afghanistan entsandt und die Luftstreitkräfte setzten auch von Flugplätzen des Turkmenischen Militärbezirks zahlreich ihre Flugzeuge ein.

Jagd- und Jagdbomberstaffeln der Luftstreitkräfte der 40. Armee setzten vor allem MiG-21bis, MiG-21PFM, Su-17, Su-17M3 und dann MiG-23ML / MLD für folgende Aufgaben ein:

- Luftunterstützung sowie die Eskortierung der eigenen Bodentruppen sowie die Deckung der Transportkonvois bei Angriffsoperationen;
- Bombenangriffe gegen identifizierte feindliche Ziele;
- Deckung der Hubschrauberverbände;
- Luftaufklärung;
- Luftüberwachung und Abriegelung gefährlicher Gebiete und Bergpfade.

Anfangs, als die Luftverteidigung des Gegners schwach war, bestand die Taktik der sowjetischen Jäger und Jagdbomber aus Angriffen aus geringer Höhe mit Bomben und ungelenkten Raketen des Typs S-5. Gleichzeitig stellte sich heraus, dass die S-5 eine schwache Sprengladung besaß und in den Bergmassiven kaum Wirkung zeigte. Aus diesem Grund wurden die leistungsstärkeren und schwereren Raketen S-8 und S-24 letztendlich am häufigsten verwendet. Das Auftauchen einer großen Anzahl von Flugabwehr-Maschinengewehren und tragbaren Flugabwehr-Raketensystemen unter den Mudschaheddin führte zur Entwicklung neuer Einsatztaktiken für Angriffsflugzeuge. Für Bombenangriffe wurden in der Regel vier Gruppen eingeteilt:

- Unterdrückung der Luftverteidigung (zwei bis vier Jagdbomber) - mit ungelenkten Raketen oder Bomben im Zielbereich und von beiden Seiten bei An- und Abflug attackiert;
- Zielmarkierung (ein Paar Hubschrauber oder Flugzeuge) - markiert das Ziel mit ungelenkten Raketen;
- Angriffsgruppe für den Hauptschlag auf das Ziel (vier bis acht Jäger / Jagdbomber);
- eine Gruppe zur Überwachung der Ergebnisse des Angriffs (zwei Aufklärungsflugzeuge).

In engen Bergschluchten jedoch operierte eine Angriffsgruppe gegen zuvor aufgeklärte Ziele und verübte den stärksten Bombenangriff. Gleichzeitig hatte der Feind keine Zeit, sich zu zerstreuen und erlitt erhebliche Verluste. Seltener war die Methode, die Bomben weit vor dem Ziel und damit außerhalb der Luftverteidigungszone der Mudschaheddin in einem Bogen abzuwerfen. Hierzu beschleunigte das angreifende Flugzeug und stieg in einem Winkel von 25-30 Grad, um am oberen Punkt die Waffen auszuklinken und sich dann auf die Seite zu drehen. So beschritten die ausgeklinkten Bomben einen kurzen Steigflug und noch einige Kilometer auf das Ziel zu. Hier wie auch bei anderen Aktionen war eine hohe Genauigkeit und Koordination der Piloten gefragt, um etwa in aufeinander folgenden Wellen Ziele kontinuierlich zu attackieren.

Die Intensität der luftgestützten Einsätze bei den Kampfhandlungen zeigt sich darin, dass die Piloten der Luftstreitkräfte der 40. Armee im ersten Kriegsjahr (9. Januar bis Dezember 1980) 72.000 Einsätze absolvierten und 7810 Bombenangriffe flogen. Gleichzeitig wurde eine große Menge Munition verbraucht: 12.639 Sprengbomben, 1.847 Einweg-Streubomben, 242 Betondurchschlagsbomben, 452 Brandbomben, 40 Aerosolbomben, 1045 SAB-Zielmarkierungsbomben, 258 KMGU-Behälter mit hoche-

Eine Su-25 verschießt großkalibrige Luft-Boden-Raketen.

xplosiven AO-2-Minen, 634.862 ungelenkte Raketen, 33 Panzerabwehr-Lenkflugkörper, 12.480 Schuss aus 30-mm-MK, 290.439 Schuss aus 23-mm-MK sowie fast eine Million Schuss schwere MG-Granaten.

An dieser Stelle sei darauf hingewiesen, dass Überschalljäger und Jagdbomber, die für den Kampfeinsatz in Europa entwickelt wurden, ihre Schwierigkeiten in bergigem Gelände hatten und sich ihre Ziel- und Navigationsausrüstung bei der Suche nach getarnten feindlichen Positionen meist als unwirksam herausstellte. In dieser Situation erwies sich im Juli 1981 die Ankunft der 200. Selbstständigen Schlachtfliegerstaffel in Afghanistan und ausgerüstet mit den neuen Su-25-Angriffsflugzeugen als sehr willkommen. Die Su-25 zeichnete sich durch große Wendigkeit, gerade in Bergschluchten aus. Diese Schluchten gerieten oft zur Falle für eindringende Soldaten, Panzer und Artillerie und häufig sollten Kampfflugzeuge ihnen zur Rettung kommen. Hierzu zeigten die Piloten mit ihren Su-25 ihr ganzes Können. Sie tauchten in enge Schluchten ab, in denen andere Flugzeuge nicht abstiegen, sie näherten sich entlang von Berghängen oft unbemerkt dem Ziel, stiegen überraschend auf und attackierten die gegnerischen Posten. In den Black Mountains genannten Bergen nordwestlich von Kandahar gelang es einem der Su-25-Piloten der 200. Staffel im Oktober 1981 einen im Felsen verborgenen Stützpunkt nach einem Flug in einer langen, gewundenen Schlucht auszuschalten. Von oben konnte man diesen Posten nicht bombardieren, sodass die Su-25 in den Felsüberhang steuerte und direkt über dem Gegner einen präzisen Schlag ausführte und nachfolgend mit einer Kehrtwende den Rückflug antrat. Der kleine Wenderadius des Flugzeugs (450-500 m) war für die sowjetischen Piloten hilfreich, gerade für erneute Anflüge auf das Ziel. Piloten der viel schnelleren Su-17 und MiG-21, die einen Angriff wiederholten, konnten das Ziel ohne Markierungen oft nicht wiederfinden. Ebenso erwiesen sich die große Flügelfläche sowie die robuste Auslegung der Su-25 für den Einsatz auf Feldflugplätzen als günstig, mit 4000 kg Kampflast reichten 1200-1300 m für den Start aus. In Shindand stationierte Su-17 mit nur wenigen Bomben als Zuladung hoben dagegen erst zum Ende der Startbahn ab.

Sowjetische Piloten vor einer Su-25 während des Afghanistankrieges, wo sich das Flugzeug in über 60.000 Einsatzflügen bewährte.

Die Gefechtseinsätze der 200. Staffel innerhalb der „Examen" (oder „Rhomb-2") genannten Operation wurden vom Kommando des begrenzten Kontingents der sowjetischen Streitkräfte in Afghanistan hoch gelobt. Ab Oktober 1984 nahm dann mit dem 378. ein ganzes Su-25-Schlachtfliegerregiment an den Kampfhandlungen in Afghanistan teil. Zum Schluss waren es über 60.000 Kampfeinsätze mit der Su-25 über dem Kriegsschauplatz, bei denen 23 dieser Flugzeuge verloren gingen. Auf jedes verlorene Flugzeug kamen damit 2800 Flugstunden – ein Rekord unter den in Afghanistan eingesetzten sowjetischen Flugzeugen.

In diesem Konflikt übernahmen neben Jagdbombern, Jagd- sowie Schlachtflugzeugen auch Bomber häufig Kampfeinsätze. Während der Offensive der sowjetischen sowie afghanischen Regierungstruppen auf das Pandschir-Tal 1984 flogen Su-24 erstmals an vorderster Front. Mit einer Reichweite von 2400 km konnten sie von in Usbekistan gelegenen sowjetischen Stützpunkten aus operieren und waren mit einer Waffenlast von 7000 kg bei Flächenbombardements auf Stellungen der Mudschaheddin effektiv. In der Regel wurden die Angriffe aus einer Höhe von 5000 m ausgeführt, oft mit schweren Sprengbomben FAB-1500 in Kombination mit Clusterbomben RBK-500. Nachdem die FAB-1500 die festen Strukturen zerstört hatten, setzten die RBK-500 Streumunition in Form von 565 Kugelbomben frei, die wiederum jeweils 304 Stahlkugeln explosionsartig verteilten und damit auf einer Fläche von 400x600 m jegliches Leben auslöschen konnten.

Wenngleich die Su-24 über Afghanistan als kampfstarkes und zuverlässiges Einsatzmuster galt, gab es doch Einschränkungen bei der Bombardierung aus großer Höhe. Hier waren Treffer im Schatten der riesigen Bergwelt oft ungenau und die Ziele auf den Visierstationen des Flugzeugs schwer zu erkennen.

In regelmäßigen Abständen erschienen über dem Himmel Afghanistans Langstreckenbomber der Typen Tu-16, Tu-22M2 und M3. Sie starteten auf dem Territorium der UdSSR zu ihren Einsätzen und hatten folgende Vorteile:

- die Fähigkeit, an jedem Punkt in Afghanistan einen schweren Angriff auszuführen;
- die Fähigkeit, dabei Bomben sehr großen Kalibers (3000, 5000 und 9000 kg) einzusetzen;
- die Unabhängigkeit von Wetterbedingungen;
- Unverwundbarkeit durch das Feuer der Flugabwehrwaffen der Mudschaheddin aufgrund der Flughöhe von etwa 10.000 m;
- Erhöhte Genauigkeit der Bombardierung im Vergleich zu Frontbombern durch fortschrittlichere Navigations- und Zielsysteme.

Von Langstreckenbombern abgeworfene, großkalibrige Bomben erwiesen sich als ein sehr effektives Mittel zur Zerstörung von Höhlen und verschiedenen Strukturen, die von den Mudschaheddin in die Felsen getrieben worden waren. Der Einschlag hochexplosiver Bomben verursachte in der Regel Risse und den Einsturz von Höhlen oder verschlossen deren Zugänge.

Als sehr effektiv galten die besonders dickwandigen Sprengbomben FAB-2600TS, die eine Masse von 2,5 Tonnen aufwiesen und mit einem 100 mm dicken Gusskopfteil (gegenüber 18 mm bei der üblichen FAB-1500) ausgestattet waren und tief in Felsen eindringen konnten.

Eine besondere Rolle kam der im Herbst 1988 zusammengezogenen Gruppe der Fernfliegerkräfte zu. Sie umfasste Staffeln schwerer Bomber wie Tu-16 des 251. Schweren Bombenfliegerregiments aus Belaja Zerkow und Tu-22M3 des 185. Schweren Gardebombenfliegerregiments aus Poltawa. Diese Luftgruppe sollte die aus Afghanistan abziehenden Truppen der 40. Sowjetarmee decken, hierbei Präventivschläge auf die Gebiete durchführen, in denen die Feuerwaffen der Mudschaheddin stationiert waren, und sie daran hindern, große Städte, Stützpunkte und Lagerhäuser der afghanischen Regierungsarmee zu beschießen.

Normalerweise wurde eine Abteilung von drei Tu-16-Flugzeugen eingesetzt, in einer Höhe von 10.000-11.000 m und bei einer Geschwindigkeit von etwa 800 km/h. Die Bombenangriffe führte der Navigator durch und nutzte dazu das optische Visier OPB-11R. In nur drei Monaten Einsatzzeit warfen Tu-16 insgesamt 289 schwere 9000-kg-Bomben ab.

Die Tu-22M3-Bomber verfügten über ein fortschrittlicheres Navigations- und Zielsystem als die Tu-16, so dass sie genauer bombardieren konnte. Allerdings erlaubte es ihr Bombenschacht nicht, größere Bomben als die 3000 kg schweren an Bord zu nehmen. Die Bombenlast konnte jedoch 24.000 kg betragen und die Angriffe wurden in Gruppen von acht Flugzeugen ausgeführt, sodass die Zerstörungen recht verheerend sein konnten.

Die Rolle der Transportfliegerkräfte im Afghanistankrieg ist hoch zu bewerten. Da die Lieferung von Nachschub, Munition und anderen Gütern durch Straßenkonvois eine hohe Sicherheit erforderten und nicht immer ohne Verluste für Personal und Ausrüstung abliefen, waren auch die Einsätze der Transportflieger zahlreich. Das betraf sowohl den Nachschub direkt aus der UdSSR wie auch den Transport innerhalb Afghanistans. Hierzu setzten die Transportfliegerkräfte An-12, An-22, An-26 und Il-76 ein. Bereits zu Beginn des Konflikts absolvierten 55 Transportflugzeuge während der Operation "Baikal-79" am 25. Dezember 1979 insgesamt 343 Flüge und brachten 7700 Personen sowie 894 technische Geräte der 103. Luftlandedivision sowie des 345. Luftlanderegiments nach Kabul. Neben Personal und Ausrüstung wurden weitere 1062 t Fracht angeliefert, was zum Schluss nur zwei Prozent der insgesamt durch die sowjetischen Transportflieger nach Afghanistan verbrachten Güter darstellte.

Während der Kampfhandlungen stellten die Transportfliegerkräfte das Handeln des "begrenzten Kontingents" sicher, monatlich wurden durchschnittlich 150 bis 200 Flüge innerhalb Afghanistans sowie in die Sowjetunion und zurück durchgeführt. Während der groß angelegten Operationen stieg die Anzahl der Flüge zu Spitzenzeiten sogar auf 400-500 pro Monat an. Somit konnte die Versorgung der militärischen Einheiten mit allem Notwendigen sichergestellt werden, hinzu kam ein erheblicher Anteil mit humanitären Gütern für das afghanische Volk. Ein weiterer Bestandteil der Transportflüge stellte die Beförderung von Schwerverletzten und Kranken dar, laut Mobilisierungsplan wurden hierfür Il-18-Passagierflugzeuge umgerüstet.

Die Transportflüge wurden in der Regel mit maximaler Beladung durchgeführt. Die Lieferung von Fracht und Munition erfolgte an der unteren Wolkengrenze von 1000 Metern. Gemäß den jeweiligen militärischen Situationen, kam es zu Abweichungen dieser Regel, sodass die am besten ausgebildeten Besatzungen Flüge sogar unterhalb der Wolkendecke von 800 und sogar 600 m realisierten. Die Zahl der Transportflüge in Afghanistan belief sich insgesamt auf rund 27.000, von denen etwa 14.700 im Angesicht der Luftabwehr der Rebellen stattfanden. Mehr als 880.000 Personen und Tausende Tonnen Fracht wurden transportiert.

Während des Krieges verloren die sowjetischen Transportfliegerkräfte zwei Il-76, fünf An-26, acht An-12 und eine An-30 durch Abwehrfeuer der Mudschaheddin sowie durch Unfälle.

Eine besonders wichtige Rolle spielten zudem die Hubschrauber-Einheiten. Ab Januar 1982 umfasste die in Afghanistan beteiligte Luftgruppe 251 Mi-6-, Mi-8- und Mi-24-Hubschrauber.

Die wichtigste taktische Einheit in Afghanistan war die Hubschrauberstaffel. Anfangs bestanden die Staffeln aus vier Ketten zu je vier Hubschraubern, aber bis Ende des Sommers 1980 wurden die Staffeln verstärkt - fünf Ketten mit je vier Hubschraubern. So verfügten die Staffeln über bis zu 20 Drehflügler statt wie bisher zwölf bis 16.

Aufgrund der Vielseitigkeit von Hubschraubern stellten diese Einheiten oft die einzigen Mittel zur Bereitstellung und zur Unterstützung der kämpfenden Truppen dar. Sie übernahmen zwölf Prozent der Anlandemanöver sowie 18% des Personaltransports. Viele Operationen waren ohne den Einsatz von Hubschraubern garnicht möglich.

So war beispielsweise bei der Räumung der an die UdSSR grenzenden Provinz Faryab im Januar 1982 eine Gruppe von 72 Hubschraubern beteiligt, die 1200 Soldaten und Offiziere beförderten und damit die erfolgreiche Durchführung der Operation gewährleisteten. Noch umfangreicher war der Einsatz von Helikoptern während der zweiten Pandschir-Offensive, als 104 Hubschrauber taktische Luftangriffseinheiten mit einer Gesamtzahl von 4200 Soldaten (20 Bataillone) anlandeten. Während der Operation "Wüste", die im Juli 1985 durchgeführt wurde, landeten 7000 Soldaten in den Bergen, und im Herbst desselben Jahres wurde während der Operation "Dam" die 170 km lange Kunar-Schlucht von mehr als 12.000 Soldaten blockiert.

Es ist zu beachten, dass für die Durchführung amphibischer Operationen in der Regel eine spezielle Luftfahrtgruppe geschaffen wurde, die folgende taktische Abteilungen umfasste: Kampfkontrolle, Zielbestimmung, Unterdrückung von Luftverteidigungssystemen, Eroberung und Verteidigung von Landeplätzen, Landungen der Hauptangriffskräfte, Deckung der Kampfformationen während der Anlandung auf der Flugroute und im Landebereich, Abdeckung der Anlandung und Unterdrückung neu identifizierter feindlicher Luftverteidigungssysteme, technische Hilfeleistung.

Flüge zur Lieferung von Nachschub an hochgelegene Außen- und Aufklärungsposten, die Straßen und Pässe kontrollierten, waren sehr schwierig und gefährlich. Die Rolle von Hubschraubern bei der Sicherstellung der Aktionen von Spezialeinheiten war ebenfalls groß. Acht in Afghanistan operierende Spezialeinheiten (Bataillone) waren organisatorisch Teil der 15. und 22. Spezialeinsatzbrigade, denen die 205. und 239. Selbstständige Hubschrauberstaffel zugeteilt waren. Sie sorgten praktisch für das unerkannte und überraschende Vorrücken der in dem vorgesehenen Gebiet eingesetzten Spezialeinheiten. Such- und Angriffsoperationen von Hubschrauberverbänden mit an Bord befindlichen Spezialeinheiten erwiesen sich als eine sehr effektive Art der Kampfführung. Gleichzeitig ermöglichte es die Lokalisierung des Feindes aus der Luft und der darauf folgenden Angriffe auf diesen.

Infolge der intensiven Kampfhandlungen hatten die Besatzungen der Hubschrauber und die Piloten der Angriffflugzeuge in Afghanistan oft mehr Flugstunden auf ihrem Konto als Piloten auf dem Territorium der UdSSR. Zur gleichen Zeit flogen im Jahr 1985 Jagdbomberpiloten doppelt so viele Einsätze wie ihre Kollegen auf der Su-17 in der Heimat und kamen auf eine durchschnittliche Flugstundenzahl von 270-300 pro Jahr (der „Unionsstandard" betrug 100 h). Oberst Alexander W. Rutskoi flog 453 Einsätze (davon 169 - nachts), Oberleutnant Wladislaw F. Gontcharienko vom 378. Regiment hatte 415 und Oberst G.P. Khaustov (auf allen Flugzeugtypen) - mehr als 700 Flüge in zwei Jahren Einsatz über Afghanistan. Zum Vergleich: Luftmarschall A.N. Efimov - ein renommierter Angriffspilot und zweimal Held der Sowjetunion, flog während des Großen Vaterländischen Krieges 222 Einsätze. Su-25 absolvierten etwa 300 Flüge pro Jahr über Afghanistan, aber es gab auch einige dieser Maschinen, die auf bis zu 950 Missionen kamen.

Um eine übermäßige Ermüdung des fliegenden Personals zu verhindern, wurde ein Programm für den Personalwechsel "Estafeta" (Stafette) entwickelt und konsequent durchgeführt. Nach diesem Programm musste das fliegende und technische Personal der Einsatzverbände und zugehöriger Subeinheiten jedes Jahr erneuert werden. Wurden in den Hubschraubereinheiten nur das Flug- und Bodenpersonal sowie die Maschinen ersetzt, wenn die Ressourcen erschöpft waren, kam es in den Kampfflugzeugverbänden zum Austausch der Regimenter samt kompletter Standardausrüstung. Das Programm bot damit zugleich die Gelegenheit, so viel Personal wie möglich unter realen Kampfbedingungen auszubilden. Bis zum Ende des Krieges in Afghanistan hatten 75% des gesamten Personals der sowjetischen Frontfliegerkräfte Kampferfahrung gesammelt!

Zu verschiedenen Zeiten waren sechs Jagdfliegerregimenter (IAP), ein Schlachtfliegerregiment (SchAP), eine Selbstständige Schlachtfliegerstaffel (OSchAE), ein Selbstständiges Gemischtes Fliegerregiment (OSAP) Teil der 40. Armee, hinzu kamen vier Jagdbomberregimenter (ABIP), acht Selbstständige Hubschrauberregimenter (OWP) und elf selbstständige Hubschrauberstaffeln (OWE).

Natürlich testete das Kommando der Luftstreitkräfte der UdSSR während des Krieges in Afghanistan auch die neuesten Waffen, Hubschrauber und Flugzeuge im Gefechtseinsatz. Dies betraf vor allem die Kampfflugzeuge Su-25 und Jak-38. Zu diesem Zweck wurde auf Beschluss des Verteidigungsministeriums und des Ministeriums für Luftfahrtindustrie ein neu gebildetes Erprobungsgeschwader aus zwei Su-25 und vier Jak-38-Angriffflugzeugen nach Afghanistan entsandt. Die Tests wurden vom 18. April bis 29. Mai 1980 innerhalb der der Operation „Rhomb-1" durchgeführt. Aufgrund der Testergebnisse wurde die Su-25 für den Einsatz in Afghanistan empfohlen, was später durch die effektiven Kampfeinsätze mit dem Muster bestätigt wurde. Hingegen schnitten die Tests mit dem eigentlich von der sowjetischen Marine eingesetzten Senkrechtstarter Jak-38 nicht so gut ab, zeigten vor allem Defizite bei der Zuladung und Kampfkraft auf. Sie führten aber andererseits zur Verbsserung des Designs sowie der erfolgversprechenden Praxis, Kurz- statt Senkrechtstarts und dabei mit höherer Zuladung durchzuführen. Auch konnten die sowjetischen Luftstreitkräfte während der Gefechtshandlungen die Fähigkeiten der damals modernen Su-24-Frontbomber mit den neuesten Zielerfassungssystemen und einer breiten Palette von Bewaffnung realitätsnah austesten. Dazu zählten eine neue Generation von extern mitgeführten Freifallbomben für Tiefflugangriffe.

Eine der ersten Bomben dieser Art war eine Bombe mit reduziertem Luftwiderstand, Modell 1962. Sie wurde in den Kalibern 250 und 500 kg hergestellt. Eine Su-24 mit zwei FAB-500M-62 konnte in einer Höhe von 200 m eine Geschwindigkeit von 1350 km/h halten. Getestet wurde eine 1,5-Tonnen-Bombe FAB-1500S mit reduziertem Luftwiderstand, die für den Abwurf aus einer Höhe von 100-200 m ausgelegt wurde. Andere Tests betrafen die 500-kg-Bombe FAB-500Sh sowie die ebenfalls 500-kg schwere AB-500ShN-Bombe, die aus nur 30 m Höhe abgeworfen werden konnte. Streubomben und andere Sprengmunition wurden getestet. Bei Kriegsende kamen auch Jagdbomber vom Typ MiG-27 in Afghanistan zum Kampfeinsatz.

Die zahllosen Einsätze während des sowjetischen Engagements in Afghanistan führten allerdings auch zu erheblichen Verlusten von Flugzeugen und Hubschraubern. Es wird berichtet, dass zwischen 1979-1989 insgesamt 267 Hubschrauber der 40. Armee verloren gingen:

- 22 schwere Transporthubschrauber Mi-6 sowie zwei Mi-10;
- 144 Mi-8 und zwei Fliegende Kommandoposten Mi-9;
- 97 Kampfhubschrauber Mi-24.

Einige Quellen benennen die Zahl der verlorenen Hubschrauber auf insgesamt 333.

Die Flugzeugverluste werden mit 122, anderen Quellen zufolge mit 103, 109 oder 118 beziffert. Dazu gehörten bei den Transportflugzeugen elf An-12, acht An-26, eine An-30 sowie zwei Il-76, bei den Jagdflugzeugen waren es 17 MiG-21 sowie zwölf MiG-23, bei den Jagdbombern 32 Su-17. Auch zählten mindestens zwölf Su-25 und eine havarierte Su-24 zu den Verlusten.

Am 15. Februar 1989 überquerten die letzten sowjetischen Soldaten die Brücke über den Amudarja in das Territorium der UdSSR. Damit endete die Geschichte des Begrenzten Kontingents der sowjetischen Streitkräfte in Afghanistan. Während der mehr als neun Jahre andauernden Kämpfe gelang es der UdSSR nicht, die islamische Opposition zu besiegen und an ihren südlichen Grenzen einen befreundeten Staat sowjetischen Stils zu errichten.

Auch das Volk Afghanistans hat diesen Krieg nicht gewonnen. Verschiedene Gruppen von Mudschaheddin kämpften nachfolgend untereinander um die Macht, das Land trat in den Zustand eines permanenten Bürgerkriegs ein.

Pjotr Wasiljewitsch Dementjew, Minister für Flugzeugindustrie der UdSSR 1953-1957, 1965-1977

Michail W. Chrunitschew, Minister für Luftfahrtindustrie der UdSSR 1946-1953

Wassili Alexandrowitsch Kasakow, Minister für Luftfahrtindustrie der UdSSR 1977-1981

Iwan Stepanowitsch Silajew, Minister für Luftfahrtindustrie der UdSSR 1981-1985

A.S. Syszow, Minister für Luftfahrtindustrie der UdSSR 1985-1991

Konstantin Andrejewitsch Werschinin, Oberkommandierender der Luftstreitkräfte und Stellvertreter des Ministers für Verteidigung 1946-1949, 1957-1969

Pawel Fjodorowitsch Shigarew, Oberkommandierender der sowjetischen Luftstreitkräfte 1949-1957

Pawel Stepanowitsch Kutachow, Oberkommandierender der sowjetischen Luftstreitkräfte 1969-1984

Alexander Nikolajewitsch Jefimow, Oberkommandierender der sowjetischen Luftstreitkräfte 1984-1990

TEIL 2 – DIE LUFTSTREITKRÄFTE DER RUSSISCHEN FÖRDERATION

In der zweiten Hälfte der 1980er Jahre erreichte die Kampfkraft der sowjetischen Luftstreitkräfte den höchsten Stand seit Beendigung des Zweiten Weltkriegs. Bis Ende 1991 verfügten sie über 211 Regimenter und mehr als 14.000 Flugzeuge, darunter etwa 7000 Kampfflugzeuge. Die zu den Bodentruppen gehörenden Heeresflieger bzw. Armeefliegerkräfte verfügten über eine Flotte von Kampf- und Transporthubschraubern in einer Größenordnung von bis zu 5000 Maschinen. Die Luftverteidigung des Landes bestand aus 70 Jagdfliegerregimentern mit 3000 Kampfflugzeugen.

Das Produktions- und wissenschaftliche Potenzial der sowjetischen Luftfahrt wurde im Ministerium für Luftfahrtindustrie der UdSSR (Minaviaprom) konzentriert. 1990-1991 umfasste diese Struktur 242 Unternehmen, die direkt an der Entwicklung und Produktion von Luftfahrterzeugnissen beteiligt waren, darunter etwa 30 Forschungsinstitute, 80 Konstruktionsbüros und 132 Herstellerwerke.

Die Gesamtzahl der Beschäftigten im Ministerium für Luftfahrtindustrie der UdSSR betrug etwa 1,5 Millionen Menschen. Dazu kommen die Angestellten von Hunderten von Zulieferunternehmen in anderen Sektoren der nationalen Wirtschaft, die verschiedene Materialien und Komponenten an Minaviaprom geliefert haben.

Kurz vor Auflösung der Sowjetunion wurde durch das Dekret des Staatsrates der UdSSR vom 14. November 1991 Nr. GS-13 „Über die Abschaffung der Ministerien und anderer Zentralregierungsorgane der UdSSR" die Arbeit mit Minaviaprom gekündigt und zum 26. Dezember 1991 liquidiert.

Durch das am 28. November 1991 erlassene Dekret Nr. 242 des Präsidenten der Russischen Förderation Boris Jelzin „Über die Neuordnung der zentralen Leitungsorgane der RSFSR" wurden das Eigentum, die Finanzmittel, die Unternehmen und die Institutionen des aufgehobenen Ministeriums für Luftfahrtindustrie der UdSSR (und zwölf weitere Ministerien und Abteilungen der ehemaligen UdSSR) in die Zuständigkeit des Industrieministeriums Russlands übertragen. Die von Boris Jelzin gebildete Regierung hatte eine ganz bestimmte Meinung über das Schicksal der Minaviaprom. Es wurde vom Vizepremier Jegor T. Gaidar folgendermaßen ausgedrückt: „Dieses Monster hat keinen Platz im neuen Russland." Infolge der fast vollständigen Annullierung staatlicher Flugzeugbestellungen waren die meisten Unternehmen sich selbst überlassen. Einige Unternehmen wurden für die Herstellung von Nicht-Luftfahrtprodukten umgestaltet, andere wurden ganz liquidiert. Die zusammenhängende Infrastruktur der Industrie wurde zerstört. Viele Technologien sind

Überholung von Schwenkflügeljagdbombern Su-17M im 558. Reparaturbetrieb in Weißrussland. (Foto: 558. ARP)

verloren gegangen, qualifiziertes Personal wanderte massiv ab und die wissenschaftliche Komponente wurde auf ein Minimum reduziert.

Überraschenderweise konnten mit Hilfe aus dem „Ausland" einige Unternehmen gerettet werden: Die Staaten, die zu Zeiten der UdSSR sowjetische Flugzeuge kauften, schlossen weiterhin Verträge über die Lieferung von Flugzeugen und Hubschraubern sowie Ersatzteilen ab.

Der Zusammenbruch der UdSSR diente als Zünder für eine radikale Reform des Teils der sowjetischen Luftstreitkräfte, die unter die Kontrolle der Russischen Föderation kam. Diese Reformen lassen sich in drei Phasen unterteilen, die im Wesentlichen die schnelle und alles andere als durchdachte Auflösung von Fliegereinheiten, die Außerdienststellung sowohl veralteter als auch relativ neuer Flugzeuge sowie die Versetzung vieler Tausend Piloten in die Reserve darstellten.

Die erste Phase fand 1992-1998 statt. In dieser Phase wurde die Gesamtstärke der Luft- und Luftverteidigungsstreitkräfte des Landes um mehr als ein Drittel reduziert - von 281 auf 102 Regimenter. Gleichzeitig wurden alle einstrahligen Kampfflugzeuge außer Dienst gestellt, darunter auch die in Afghanistan bewährten MiG-23, MiG-27 und Su-17. Der Ausstoß an neu produzierten Flugzeugen verringerte sich von 67 Flugzeugen und 10 Hubschraubern im Jahr 1992 auf 17 Flugzeuge und 19 Hubschrauber im Jahr 1994 und ein Jahr später wurden abgesehen von 17 neuen Hubschraubern kein einziges Flugzeug ausgeliefert.

Gleichzeitig gab es jedoch Versuche, die in der UdSSR begonnenen Programme zur Modernisierung und Aufrüstung der Luftstreitkräfte fortzusetzen. Die Tests der modernisierten Kampfflugzeuge MiG-29M, MiG-31M, Su-27, Su-30, des MFI-Jägers der neuen Generation und des Kampfflugzeugs Su-25TM wurden fortgesetzt. Entworfen wurden der Frontbomber Su-27IB, die spätere Su-34, das militärische Transportflugzeug An-70 und das Amphibienflugzeug A-40.

Die zweite Phase der Reform der Luftstreitkrafte begann 1998 und dauerte bis 2003. Im Jahr 1998 wurden die Luftstreitkräfte mit den Luftverteidigungskräften des Landes zu einem einzigen Zweig der Streitkräfte verschmolzen. Die Vereinigung wurde von erheblichen Kürzungen begleitet, wobei der Großteil auf die Luftverteidigung entfiel. So sind von den 102 nach der ersten Stufe der Reformen verbliebenen Regimentern nur 70 erhalten geblieben.

Fast alle verbliebenen Regimenter der Frontflieger wurden von einer Drei-Staffel-Struktur in eine Zwei-Staffel-Struktur überführt, wodurch die Anzahl der Flugzeuge von 40 auf 26-28 Flugzeuge reduziert wurde. Weiterhin wurde eine große Anzahl von Divisions- und Luftarmeekommandos aufgelöst. Insgesamt wurden in einem Jahr 123.000 Stellen abgebaut, 580 Einheiten und Unterabteilungen aufgelöst. Zu Beginn des Jahres 1999 betrug der Personalbestand der „neuen" Luftstreitkräfte 192.000 anstelle der 318.000, die vor dem Zusammenlegen von Luftstreitkräften und Luftverteidigung vorhanden waren. Die Zahl der Flugzeugflotte wurde fast halbiert, und eine beträchtliche Anzahl von Jägern der vierten Generation MiG-29, MiG-31 und Su-27 wurden massiv in die Reserve versetzt.

Der letzte Akt der Umwandlungen war der Übergang im Jahr 2002 zur Kontrolle der Luftstreitkräfte über die Heeresfliegerkräfte mit neuen Reduzierungen und Strukturveränderungen.

Die Reduzierung der Verteidigungsausgaben führte zu einer Überarbeitung fast aller Entwicklungsprogramme von Waffensystemen für die Luftstreitkräfte. Infolgedessen wurden Ende der 1990er Jahre die Programme MiG-29M, MiG-31M, Su-27M und des MFI-Jägers eingestellt. Nach 2000 wurde das Programm des Ka-50-Hubschraubers, der in Großserie ging, eingeschränkt und im Gegenzug die Arbeit an seinem Konkurrenten Mi-28N wieder aufgenommen. Aufgrund der hohen Kosten und politischen Meinungsverschiedenheiten mit der Ukraine wurde das Programm zur Schaffung des viermotorigen Transportflugzeugs An-70 nach und nach zunichte gemacht.

Das Kommando der Luftstreitkräfte beschloss, sich in der Luftfahrttechnik auf eine kleinere Anzahl vielversprechender Schlüsselprogramme zu konzentrieren. Anstelle von MFI wurde die Entwicklung eines neuen Jagdflugzeugtyps der fünften Generation PAK FA begonnen, dessen Wettbewerb von der Firma Suchoi mit der T-50 (der späteren Su-57) gewonnen wurde. Auch die Entwicklung des "weitgehend modernisierten" Kampfflugzeugs Su-35 (Su-27BM) wurde fortgeführt und zielte vor allem auf den Exportmarkt. Darüber hinaus wurde am Programm des Frontbombers Su-34 festgehalten, allerdings mit der Einrüstung einer überarbeiteten Avionik. Die

Abfangjäger MiG-25P mit voller Raketenbewaffnung. (Foto: US DoD)

Jak-130 wurde als zukünftiges Trainingsflugzeug der Luftstreitkräfte ausgewählt und der Serienanlauf vorangetrieben. Schließlich wurden auch neue Projekte von Transportflugzeugen gestartet. Die Modernisierung der vorhandenen Flugzeugtypen wurde als der effektivste Weg angesehen, um die Kampfkraft der Luftstreitkräfte zu erhöhen. So folgten nach dem Jahr 2000 die Umsetzung der Modernisierungsprogramme für die Flugzeuge Su-24M, Su-25, Su-27, MiG-31, Tu-22M3, Tu-95MS, Tu-160, A-50, Il-76TD sowie den Hubschraubern Mi-8 und Mi-24P.

Die dritte Phase der Reform der Luftwaffe begann im Jahr 2004. Die zu diesem Zeitpunkt erreichte politische und wirtschaftliche Stabilität der Russischen Föderation ermöglichte eine allmähliche Erhöhung der Militärausgaben, die den Zustand der Militärluftfahrt verbesserte und ihre eigentliche Wiederbelebung einleitete.

Der Übergang zum "neuen Erscheinungsbild" der Streitkräfte der Russischen Föderation, der 2008 begann, betraf auch die Luftstreitkräfte. Im Rahmen der durchgeführten Aktivitäten wurden sie in eine neue Organisations- und Personalstruktur überführt. Die Luftstreitkräfte- und Luftverteidigungskommandos wurden gebildet, die den neu geschaffenen operativ-strategischen Kommandos West, Süd, Mitte und Ost unterstellt waren. Gleichzeitig wurden dem Oberkommando der Luftstreitkräfte die Aufgaben der Planung und Organisation der Kampfausbildung, der langfristigen Entwicklung der Luftstreitkräfte sowie die Ausbildung des Führungspersonals von Befehls- und Kontrollorganen übertragen.

In den Jahren 2009-2010 wurden die Luftstreitkräfte auf ein zweistufiges Managementsystem (Brigade-Bataillon/Staffel) umgestellt. Infolgedessen wurde die Gesamtzahl der Verbände der Luftstreitkräfte von acht auf sechs reduziert und alle Luftverteidigungsverbände in elf Luft- und Raumfahrtverteidigungsbrigaden reorganisiert. Die Basis der Luftstreitkräfte bildeten Stützpunkte, wobei die Staffel zur taktischen Haupteinheit wurde. Abhängig von den zu lösenden Aufgaben, der Anzahl der regulären taktischen Einheiten (Flugzeug- oder Hubschrauberstaffeln), der Anzahl der festen Flugplätze (ständig stationiert, einsatzbereit, zerstreut usw.), wurden Flugplätze in zwei Kategorien eingeteilt. Flugplätze der ersten Kategorie entsprechen im Status taktischen Verbänden und umfassen Luftfahrtgruppen für verschiedene Zwecke, die auf verschiedenen Flugplätzen basiert sind. Die Flugplätze der zweiten Kategorie entsprechen im Status einem Fliegerregiment und haben überwiegend gleichartige Fliegergruppen. Im August 2013 erklärte der Oberbefehlshaber der Luftstreitkräfte, Generalleutnant Wiktor N. Bondarew, dass „die Führung des Landes bereits beschlossen hat, dass nur ein Regiment auf einem Flugplatz disloziert und die maximale Anzahl von Flugzeugen nur in diesem Regiment regulär sein wird. Es wird keine riesigen Stützpunkte mit jeweils 100 und mehr Flugzeugen geben." Im Jahr 2014 setzte sich die Reform der Struktur der Luftstreitkräfte fort: Luftverteidigungskräfte und -güter wurden

Die erste Serienversion der Su-15 übernahm das Deltatragwerk der Vorgänger Su-9 / Su-11. (Foto: Sukhoi)

in Luftverteidigungsdivisionen konzentriert, in der Luftfahrt begann die Bildung (Wiederherstellung) von Divisionen und Regimentern. Das Regiment stellte wieder die taktische Haupteinheit dar.

Ein Jagdfliegerregiment besteht aus:
- Führung des Regiments, dass das Kommando, das Hauptquartier und die Dienste des Regiments umfasst;
- zwei Staffeln; Staffel- ist die taktische Haupteinheit und besteht aus drei Ketten. Die Kette ist eine taktische Lufteinheit und besteht aus zwei Jägerpaaren. Das Jagdflugzeugpaar ist die primäre taktische Einheit und umfasst zwei Flugzeuge und dementsprechend Flugbesatzungen, die gemeinsam Kampfeinsätze durchführen.
- technischer und operativer Teil;
- ein separates Bataillon für technische Flugplatzunterstützung;
- ein separates Bataillon für Kommunikations- und funktechnische Unterstützung.

Ein Bombenfliegerregiment besteht aus:
- Führung des Regiments, dass das Kommando, das Hauptquartier und die Dienste des Regiments umfasst;
- zwei Staffeln; Bomber(Angriffs-)Staffel die wichtigste taktische Luftfahrteinheit, besteht aus drei bis vier Truppen. Der Trupp ist eine taktische Flugeinheit bestehend aus vier Flugzeugen. Das Paar ist die primäre taktische Luftfahrteinheit.
- technischer und operativer Teil;
- ein separates Bataillon für technische Flugplatzunterstützung;
- ein separates Bataillon für Kommunikations- und Funktechnik.

Ein Schweres Bombenfliegerregiment besteht aus:
- Führung des Regiments, dass das Kommando, das Hauptquartier und die Dienste des Regiments umfasst;
- zwei Staffeln; die Staffel besteht aus zwei bis drei Truppen. Ein Trupp aus drei Flugzeugen ist eine taktische Flugeinheit.
- technischer und operativer Teil;
- ein separates Bataillon für technische Flugplatzunterstützung;
- ein separates Bataillon für Kommunikations- und funktechnische Unterstützung.

Ein Selbstständiges Hubschrauberregiment besteht aus:
- Führung des Regiments, dass das Kommando, das Hauptquartier und die Dienste des Regiments umfasst;
- 3 Hubschrauberstaffeln;
- Staffeln unbemannter Luftfahrzeuge „Forpost";
- Trupp für elektronische Kriegsführung;
- Unterteilungen von Unterstützung und Schutz.

Eine Heeresfliegerbrigade besteht aus:
- Brigademanagement, dass das Kommando, das Hauptquartier und die Dienste der Brigade um fasst;
- vier Hubschrauberstaffeln;
- Trupp für elektronische Kriegsführung;
- Unterteilungen von Unterstützung und Schutz.

Luftwaffenstützpunkte und gemischte Luftregimenter haben eine gemischte Zusammensetzung.

Im Sommer 2015 wurde durch den Zusammenschluss der Luftverteidigung- und Luftstreitkräfte sowie der Raketenabwehr- und Kosmischen Truppen ein neuer Typ der Streitkräfte der Russischen Föderation geschaffen - die Luft- und Raumfahrtstreitkräfte (WKS). Diese Struktur begann am 1. August 2015 die übertragenen Aufgaben zu erfüllen.

Am 3. August 2015 sagte der Verteidigungsminister der Russischen Föderation Armeegeneral Sergej Shoigu während einer Telefonkonferenz: „Die Bildung der Luft- und Raumfahrtstreitkräfte durch die Kombination der Luftwaffe und der Luft- und Raumfahrtverteidigungskräfte ist die beste Option zur Verbesserung des Luft- und Raumfahrtabwehrsystems des Landes. Erstens konzentriert sich die gesamte Verantwortung für die Gestaltung einer militärtechnischen Politik zur Entwicklung von Truppen und zur Lösung der ihnen übertragenen Aufgaben im Luft- und Raumfahrtbereich, zweitens erhöht sich die Effizienz ihres Einsatzes aufgrund einer engeren Verflechtung und drittens, um die fortschreitende Entwicklung der Luft- und Weltraumverteidigung des Landes zu gewährleisten".

Organisatorisch umfassen die Luft- und Raumfahrtstreitkräfte der russischen Streitkräfte drei Arten von Truppen (Kräften):
- Luftstreitkräfte (WWS);
- Truppen der Flug- und Raketenabwehr;
- Weltraumtruppen (auch Kosmische Truppen genannt)

Die Luft- und Raumfahrtstreitkräfte der russischen Streitkräfte lösen vielfältige Aufgaben:

- Reflexion der Aggression im Luft- und Raumfahrt bereich und Schutz vor feindlichen Luft- und Raumfahrtangriffen auf Kommandoposten der höchsten Ränge der Staats- und Militärführung, Truppengruppierungen (Kräfte), administrativen und politischen Zentren, Industrie- und Wirtschaftsregionen und der wichtigsten Wirtschafts- und Infrastrukturobjekte des Landes;
- Feindliche Ziele und Truppen mit konventionellen und nuklearen Waffen zu besiegen;
- Luftfahrtunterstützung für Kampfhandlungen von Truppen (Kräften) anderer Arten und Waffengattungen;
- das Abfangen von Sprengköpfen ballistischer Raketen eines potentiellen Feindes, der wichtige Regierungseinrichtungen angreift;
- Bereitstellung der höchsten Kontrollebenen mit zuverlässigen Informationen über die Erkennung von Starts ballistischer Flugkörper und die Warnung vor einem Raketenangriff;
- Überwachung von Weltraumobjekten und Ermittlung von Bedrohungen für Russland im Weltraum und aus dem Weltraum und gegebenenfalls Abwehr solcher Bedrohungen;
- Durchführung von Starts von Raumfahrzeugen in Umlaufbahnen, Kontrolle von militärischen und Mehrzweck-Satellitensystemen im Flug und deren Nutzung, zur Versorgung der Truppen mit notwendigen Informationen;
- Aufrechterhaltung der bestehenden Zusammensetzung und Einsatzbereitschaft von militärischen und Mehrzwecksatellitensystemen, ihrer Start- und Kontrollmittel sowie einer Reihe anderer Aufgaben.

Der Führungsstab

Der Führungsstab der Luft- und Raumfahrtstreitkräfte wurde durch das am 1. August 2015 erlassene Dekret Nr. 394 des Präsidenten der Russischen Föderation Wladimir W. Putin ernannt.

Am 17. März 2016 überreichte der Oberbefehlshaber der Streitkräfte der Russischen Föderation Wladimir Putin dem Oberbefehlshaber der Luft- und Raumfahrtstreitkräfte, Generaloberst Wiktor N. Bondarew, das Kampfbanner der Luft- und Raumfahrtstreitkräfte.

Als Teil der Luft- und Raumfahrtstreitkräfte besitzen die russischen Luftstreitkräfte folgende Hauptaufgaben:

- Abwehr von Aggressionen in der Luftsphäre und Schutz vor Luftangriffen von Gefechtsständen der höchsten Ränge der Staats- und Militärverwaltung, administrativen und politischen Stellen, Industrie- und Wirtschaftsregionen, den wichtigsten Wirtschafts- und Infrastrukturobjekten des Landes und Gruppierungen von Truppen (Kräften);
- Feindliche Ziele und Truppen mit konventionellen und nuklearen Waffen zu besiegen;
- Luftnahunterstützung für Kampfhandlungen von Truppen (Kräften) anderer Arten und Waffengattungen.

Entsprechend dem Auftrag und den Aufgaben der Luftstreitkräfte umfassen sie:

- Luftfahrt;
- Flugabwehrraketentruppen;
- Spezialtruppen (Aufklärung, Kommunikation, funktechnische Unterstützung und automatisierte Kontrollsysteme, elektronische Kriegsführung, Ingenieurtechnische-, Strahlen-, chemische und

Position	Militärischer Rang	Vollständiger Name
Oberbefehlshaber der Luft- und Raumfahrtstreitkräfte	Generaloberst	Wiktor Nikolajewitsch Bondarew
Chef des Generalstabs - Erster stellvertretender Oberbefehlshaber der Luft- und Raumfahrtstreitkräfte	Generalleutnant	Pawel Pawlowitsch Kuratschenko
Stellvertretender Oberbefehlshaber der Luft- und Raumfahrtstreitkräfte	Generalleutnant	Sergei Wladimirowitsch Dronow
Stellvertretender Oberbefehlshaber der Luft- und Raumfahrtstreitkräfte - Kommandant der Luftwaffe	Generalleutnant	Andrej Wjacheslawowitsch Judin
Stellvertretender Oberbefehlshaber der Luft- und Raumfahrtstreitkräfte - Kommandant der Luft- und Raketenabwehrkräfte	Generalleutnant	Wiktor Wassiljewitsch Gumenny
Stellvertretender Oberbefehlshaber der Luft- und Raumfahrtstreitkräfte - Kommandant der Weltraumstreitkräfte	Generaloberst	Alexander Walentinowitsch Golowko

biologische Verteidigungstruppen, Such- und Rettungskräfte, Wetteraufklärung, Logistik);

- Sicherheitskräfte militärischer Führungs- und Kontrollorgane;
- medizinische und andere Organisationen.

Die Struktur der Luftstreikräfte umfasst:

- Fernfliegerkräfte (DA);
- Operativ-taktische (Front) und Armeefliegerkräfte;
- Transportfliegerkräfte.

Die Fernfliegerkräfte (DA) unterstehen dem Oberbefehlshaber der Streitkräfte der Russischen Föderation und dienen der Lösung strategischer (operativ-strategischer) und operativer Aufgaben in militärischen Operationsgebieten (strategische Richtungen).

Die DA-Formationen und -Einheiten sind mit strategischen Interkontinental- sowie Langstreckenbombern, Tankflugzeugen und Aufklärungsflugzeugen ausgerüstet. Die DA-Formationen und -Einheiten agieren hauptsächlich in strategischer Tiefe und erfüllen folgende Aufgaben: Zerstören von Luftwaffenstützpunkten (Flugplätzen), bodengestützten Raketenkomplexen, Flugzeugträgern und anderen Überwasserschiffen, Objekten aus den feindlichen Reserven, militärisch-industriellen Einrichtungen, Verwaltungs- und politische Zentren, Energieanlagen und Wasserkraftwerke, Marinestützpunkte und Häfen, Gefechtsstände der gegnerischen Streitkräfte und Einsatzleitstellen der Luftverteidigung im Einsatzgebiet, Landkommunikationseinrichtungen, Luftlandetruppen und Konvois aus der Luft. Ein Teil der DA-Streitkräfte ist an Luftaufklärung und Sondermissionen beteiligt. Die Langstreckenluftfahrt ist ein Bestandteil der strategischen Nuklearstreitkräfte.

DA-Formationen und -Einheiten sind unter Berücksichtigung ihrer operativen und strategischen Bezeichnung und Aufgaben von Nowgorod im Westen des Landes bis Anadyr und Ussuriysk im Osten, von Tiksi im Norden und bis Blagoweschtschensk im Süden des Landes stationiert.

Eine praktische Demonstration der Kampffähigkeiten des DA-Kommandos stellen Langstreckenpatrouillenflüge von Tu-95MS- und Tu-160-Flugzeugen im Gebiet von Island und über dem Norwegischen Meer; zum Nordpol und zur Region der Aleuten; entlang der Ostküste Südamerikas dar.

Unabhängig von der Organisationsstruktur, in der die Langstreckenfliegerei existiert und bestehen wird, sollte die Gefechtsstärke, die Eigenschaften der eingesetzten Flugzeuge und Waffen, die Hauptaufgabe der Langstreckenfliegerei im Maßstab der Luftstreitkräfte betrachtet werden. Bei Ausbruch eines Konflikts zählen die nukleare und nichtnukleare Abschreckung möglicher Gegner dazu und es gilt das militärökonomische Potenzial des Feindes zu reduzieren, wichtige militärische Einrichtungen lahmzulegen sowie die staatliche und militärische Kontrolle zu stören.

Die Analyse moderner Ansichten über den Zweck der Fernfliegerkräfte führen schlussendlich dazu, dass diese Komponente derzeit und auch in Zukunft die Hauptschlagkraft der Luftstreitkräfte bilden wird. Der Kern der Flugzeugflotte besteht aus strategischen Raketenträgern Tu-160 und Tu-95MS, Langstreckenbombern Tu-22M3, Tankflugzeugen Il-78 und Aufklärungsflugzeugen Tu-22M3R.

Der strategische Raketenträger Tu-160 ist das größte und schwerste Kampfflugzeug weltweit. Es ist in der Lage, eine gewaltige Kampflast an Bord zu nehmen. Zu seinen Merkmalen zählen außerdem eine interkontinentale Reichweite sowie die Fähigkeit, eine Vielzahl von Aufgaben in unterschiedlichen Geschwindigkeits- und Höhenbereichen zu erfüllen, unabhängig von Wetterbedingungen, Tageszeit und Region.

Die Arbeiten an der Tu-160 begannen im OKB Tupolew gemäß der Resolution des Ministerrats der UdSSR und des Zentralkomitees der KPdSU vom 26. Juni 1974. Der Entwurf und ein Mock-up des Flugzeugs wurden in den Jahren 1976-1977 erstellt. Der erste Prototyp absolvierte am 18. Dezember 1981 seinen Erstflug.

Die Serienproduktion des Flugzeugs wurde bei der Kazan Production Association (KAPO) aufgenommen. Insgesamt wurden 35 Flugzeuge gebaut - acht Prototypen und 27 Serienflugzeuge.

Il-78 simuliert das Betanken einer Tu-160 auf einer Flugschau in Woronesch 2014. Foto: ©Roman Dergunov, CC BY-SA 4.0

Tupolew Tu-160

Zur Zeit sind sechzehn Tu-160 beim 121. Schweren Bombenfliegerregiment im Einsatz, das auf dem Luftwaffenstützpunkt Engels stationiert ist.

Die Tu-160 wurde auf der Grundlage des Konzepts eines Multi-Mode-Kampfflugzeugs entwickelt, das im Unterschallflug in großer Höhe wirtschaftlich und in der Lage ist, die feindliche Luftverteidigung in großen und niedrigen Höhen mit erheblicher Kampflast und hoher Geschwindigkeit zu überwinden.

Das Flugzeug besitzt tief angesetzte, von 20 bis 65 Grad schwenkbare Tragflügel, die an ihrer dicken Wurzel mit dem Rumpf verschmelzen. Dank der veränderlichen Tragflügelgeometrie können verschiedene Flugprofile gewährleistet und hohe Leistungen sowohl im Unterschall- als auch im Überschallbereich aufrechterhalten werden. Das Höhenleitwerk ist voll beweglich und auch das Seitenleitwerk ab diesem voll verstellbar. Die vierköpfige Besatzung der Tu-160 besteht aus Pilot, Navigator sowie zwei Systemoperatoren, die in einer druckbelüfteten Kabine jeweils auf K-36LM-Schleudersitzen untergebracht sind. Die Ausstattung des Cockpits ist Langstreckeneinsätzen dienlich, davor sind hinter einer funktransparenten Kunststoffverkleidung eine Radarantenne sowie weitere elektronische Geräte verbaut. Unmittelbar hinter dem Cockpit folgen zwei elf Meter lange Waffenschächte. Unter dem feststehenden Abschnitt des Tragwerks befinden sich in zwei Gondeln jeweils zwei Nachbrennertriebwerke NK-32 mit verstellbaren Lufteinlässen. Die aus dem OKB Kusnetzow stammenden Triebwerke leisten jeweils 245 kN Schub mit Nachbrenner. Der gesamte Treibstoffvorrat befindet sich in den Rumpf- und Flügeltanks und kann durch eine Betankungsanlage, die in den Rumpfbug ein- oder ausgefahren werden kann, in der Luft aufgefüllt werden und damit die Flugdauer verlängern. In großen Flughöhen sind Geschwindigkeiten bis zu 2000 km/h möglich, in Bodennähe sind es 1030 km/h. Die praktische Reichweite bei einer maximalen Kampmittelzuladung von

Langstreckenbombenflugzeug Tupolew Tu-160.

Für hohe Geschwindigkeiten sind die Tragflügel der Tu-160 vollständig zurück geschwenkt.

40.000 kg beträgt 10.500 km, bei weniger Nutzlast sind 14.000 km möglich. Dabei kommt das Flugzeug auf eine Flugdauer von 15 h, während als Dienstgipfelhöhe 15.600 m angegeben werden.

Bei der Entwicklung des Flugzeugs wurde viel Wert auf eine geringe Radarsignatur gelegt, was neben konstruktiven Lösungen durch den großflächigen Einsatz von Spezialbeschichtungen erreicht wurde. Insbesondere die Lufteinlässe und Luftkanaloberflächen sind mit einer speziellen radarabsorbierenden Beschichtung versehen. Das Flugzeug wird mit einem vierfach redundanten Fly-by-Wire-System gesteuert. Zum ersten Mal wird in der Praxis des heimischen Serienflugzeugbaus von Bombern kein traditionelles Steuerrad, sondern ein Jagdflugzeugen entsprechender Steuerknüppel verwendet. Die elektronische Ausrüstung ermöglicht die Durchführung von Kampfeinsätzen zu jeder Tageszeit und unter allen meteorologischen Bedingungen. Es umfasst das Navigations- und Zielsystem „Obzor-K", wozu Trägheits- sowie Astronavigationssystem, ein Radar zur Erkennung von Boden- und Seezielen in einer Entfernung von mehreren hundert Kilometern sowie ein elektro-optisches Bombenvisier OPB-15T gehören. Mittel zur elektronischen Kampfführung mit Dipolreflektoren und Täuschkörperwerfern sind im Heckkonus untergebracht. Ein Warnsensor nimmt an dieser Stelle auch das Herannahen von Raketen und feindlichen Flugzeugen aus der hinteren Hemisphere war. Das automatisierte digitale Kommunikationssystem arbeitet in Verbindung mit einem Verschlüsselungssystem. In den beiden Waffenschächten können Marschflugkörper Ch-55 mit 2500 km Reichweite und nuklearen Gefechtsköpfen mitgeführt werden, die von Mehrfachtrommelwerfern MSU-6-6 (je sechs Raketen) abgefeuert werden.Optional ist eine Bombenzuladung in verschiedenen Kombinationen und bis zu 40.000 kg Gewicht. In Zukunft soll die Bewaffnung des Bombers erheblich verstärkt werden, indem 1500 kg schwere Lenkbomben sowie

Bei Start und Landung besitzen die Tragflügel eine Pfeilung von 20 Grad und eine Spannweite von beachtlichen 55,70 m. (Foto: OAK)

Dreiseitenansicht der Tu-160

hochpräzise Marschflugkörper einer neuen Generation zum Einsatzinventar gehören. Letztgenannte verfügen über eine erhöhte Reichweite und sollen sowohl strategische als auch taktische Land- und Seeziele fast aller Klassen zerstören.

Für erweiterte Fähigkeiten der Tu-160 plant das Verteidigungsministerium der Russischen Föderation in absehbarer Zeit, bestehende Flugzeuge dieses Typs zu überholen und zu modernisieren sowie die Produktion neuer Flugzeuge aufzunehmen. Gleichzeitig erhalten die modernisierten Flugzeuge die Bezeichnung Tu-160M und die neu produzierten heißen dann Tu-160M2. Die Arbeiten am Projekt Tu-160M waren im Jahr 2021 im Wesentlichen abgeschlossen. Die Flugzeuge dieser Modifikation werden mit neuen Waffen ausgestattet und die Avionik einer kompletten Modernisierung unterzogen. Luftfahrtspezialisten meinen, dass die Kampfkraft der Tu-160M damit um mindestens das Doppelte ansteigen könnte.

In Bezug auf die Lieferung neuer Tu-160M2 kündigte der stellvertretende Verteidigungsminister Russlands Juri I. Borisow im Dezember 2015 an, dass die Serienlieferungen spätestens 2023 beginnen würden. Dazu stellte er fest: "Wir brauchen es als komplexes System mit der entsprechenden Avionik und mit den Waffen, die benötigt werden." Es wird davon ausgegangen, dass nach 2023 jedes Jahr mindestens drei Flugzeuge gebaut werden und die Gesamtauflage 50 Maschinen erreichen wird. Nur in dieser Größenordnung kann das Tu-160M2-Programm in Bezug auf Finanzierung und Kosten am ehesten rentabel sein. In Tu-160M2-Flugzeugen werden neu entwickelte Avionik, ein neues System zur elektronischen Abwehr und Kampfführung sowie ein modernes Waffenkontrollsystem installiert. Durch den Einsatz modernisierter NK-32-2-Triebwerke wird der Antrieb des Bombers zuverlässiger. Ein sehr wichtiger Aspekt des Tu-160M2-Programms besteht darin, dass die Einführung dieses Flugzeugs in die Serienfertigung die russische Luftfahrtindustrie auf die Produktion eines vielversprechenden strategischen Bombers vorbereiten soll, der im Rahmen des PAK-DA-Programms (einem künftigen Komplex der Fernfliegerkräfte) entwickelt wird.

Ein weiterer wichtiger strategischer Bomber / Marschflugkörperträger der russischen Fernfliegerkräfte, die Tu-95MS, zeichnet sich ebenfalls durch ein sehr hohes Kampfpotenzial aus.

Vier mächtige Strahltriebwerke mit jeweils 245 kN Nachbrennerschub übernehmen den Antrieb des gewaltigen Bombers, von dem aktuell knapp 20 Exemplare im Dienst stehen.

Tupolew Tu-95MS

Diese Modifikation des seit Jahrzehnten im Dienst stehenden Bombers wurde auf Basis des Langstrecken-U-Boot-Abwehrflugzeugs Tu-142 entwickelt, das seinerzeit wiederum eine Ableitung der Tu-95 darstellte. Die neue Variante war für den Einsatz als Marschflugkörperträger vorgesehen. Der Erstflug eines Erprobungsexemplars der Tu-95MS fand im September 1979 statt, der Serienbau lief 1981 im Herstellerwerk Taganrog an und wurde ab 1983 im Herstellerwerk Kuibyschew fortgesetzt. Insgesamt wurden 31 Tu-95MS-6 und 57 Tu-95MS-16 bis zum Auslaufen der Serienproduktion gebaut.

Derzeit sind 35 Flugzeuge beim 79., 182. und 184. Schweren Bombenfliegerregiment der russischen Fernfliegerkräfte im Einsatz. Einige weitere Maschinen sind zudem eingelagert.

Die Hauptbewaffnung der Tu-95MS besteht aus 2500 km weit reichenden Ch-55-Langstrecken-Unterschall-Marschflugkörpern, die mit Nuklearsprengköpfen ausgestattet sind. Im Bomben-

Bis heute ist die Kombination aus Pfeilflügeltragwerk und Turbopropantrieb faszinierend, zugleich eine wirtschaftliche Lösung. (Foto: US DoD)

Die vier Propellerturbinen der Tu-95 sind noch immer beeindruckende Aggregate und verfügen über je zwei gegenläufige Propeller von 5,60 m Durchmesser. (Foto: OAK)

schacht sind sechs dieser Lenkraketen auf einem rotierendem Mehrfachwerfer montiert und machen die Version MS-6 aus. Zehn weitere Marschflugkörper können von der Ausführung Tu-95MS-16 an vier Unterflügelstationen mitgeführt und zum Einsatz gberacht werden. Möglich ist ferner die Verwendung konventioneller Bomben bis zu einem Gewicht von 20.000 kg. Gemäß dem zwischen Russland und den USA geschlossenen Abkommen zur Begrenzung strategischer Offensivwaffen tragen die Tu-95MS derzeit (2021) nur jeweils sechs Marschflugkörper.

Die im Flugzeug installierte Avionik umfasst einen Navigations- und Zielkomplex, ein Verteidigungssystem sowie weitere Geräte. Zum Navigations- und Zielkomplex zählen Überwachungs- und Zielradar, ein „Krypton"-Feuerleitradar, Lang- sowie Kurzstreckennavigationssystem, Funkhöhenmesser und Funkkompass. Damit sind Einsatzflüge der Tu-95MS unter allen Wetterbedingungen, zu jeder Tageszeit und in jeder Region möglich. Die Verteidigungsanlagen umfassen bspw. Aufklärungsmittel sowie aktive und passive Störsysteme.

Das Flugzeug Tu-95MS hat noch immer ein erhebliches Potenzial, sodass es kaum überrascht, dass 2013 mit der Modernisierung dieses Typs auf den

Abwehrbewaffnung der Tu-95MS mit zwei doppelläufigen 23-mm-Kanonen. (Foto: Heiko Thiesler)

Eine Tu-95MS wiegt beim Start bis zu 187.000 kg, die Nachtankvorrichtung auf der Bugnase kann die Flugdauer erheblich erhöhen. (Foto: OAK)

Standard Tu-95MSM begonnen wurde. Während der Modernisierung kommt vor allem die elektronische Ausrüstung in den Genuss von Neuerungen. Dazu gehören ein neues Visier- und Navigationssystem, dass den Einsatz neuer strategischer Marschflugkörper Ch-101 ermöglicht. Zur neuen Bordelektronik zählt auch die auf GLONASS (russische Variante von GPS) basierende Satellitennavigation. Bis Ende 2015 wurden laut Medienberichten zehn Flugzeuge derartig aufgewertet.

Es wird davon ausgegangen, dass auch die modernisierte Tu-95MS weiterhin geflogen wird, bis sie durch ein neues Langstreckenmuster (PAK DA) ersetzt wird.

Eine Tu-95MS nach dem Start. (Foto: Tupolew)

Zur Betankung in der Luft steht eine Tu-95MS kurz vor dem Kontakt mit der Schlauchtrommeleinheit eines Tankflugzeugs. (Foto: Tupolew)

Die russischen Fernfliegerkräfte setzen mit der Tu-22M3 einen weiteren Langstreckenbomber ein, der aktuell zum Bestand des 52., 200., 444. sowie 840. Schweren Bombenfliegerregiments gehört. Das sind zusammen etwa 62 aktive Flugzeuge, mehrere Dutzend weitere Exemplare sind konserviert.

Die Tu-95MS wird von den Fernfliegerkräften Russlands als Marschflugkörperträger verwendet. (Foto: OAK)

Dreiseitenansicht der Tu-95

Langstreckenbombenflugzeug Tupolew Tu-95MS

Tupolew Tu-22M3

Die Tu-22M3 basierte auf dem mit Schwenkflügeln ausgestatteten Langstreckenbomber Tu-22M, der als Prototyp 1969 zu seinem Erstflug startete. Nach den Prototypen sowie den Vorserienmaschinen Tu-22M1 folgte mit der Tu-22M2 die erste Großserienversion. Am 20. Juni 1977 flog schließlich die noch heute genutzte Tu-22M3 zum ersten Mal und wurde vom Herstellerwerk in Kasan in 268 Exemplaren ausgeliefert.

Grob betrachtet, im klassischen Schema als Tiefdecker konstruiert, sind die von 20 bis 65 Grad verstellbaren Tragflächen das Besondere an der Tu-22M3. Hierbei sind Festeinstellungen der Tragflächen bei einem Pfeilwinkel von 20, 30, 50 und 65 Grad möglich. Auf diese Weise lassen sich verschiedene Kampfaufträge mit unterschiedlichen Manövern durchführen einschließlich hohen Geschwindigkeiten in großen Flughöhen, langen Marschflügen oder das Überwinden der gegnerischen Luftabwehr in geringer Höhe. Die Tragflügel verfügen am starren Abschnitt über einen Grenzschichtzaun auf jeder Seite, an den beweglichen Sektionen gibt es bewegliche Vorflügel, Spoiler und Spaltklappen. Der in Halbschalenbauweise hergestellte Rumpf nimmt im vorderen Teil ein druckbelüftetes Cockpit für eine vierköpfige Besatzung auf. Dabei sitzen im vorderen Abteil Pilot und Navigator nebeneinander, dahinter Systemspezialisten. Alle sind auf KT-1-Schleudersitzen untergebracht. In Notsituationen kann das Katapultieren einzeln oder für alle gemeinsam erfolgen. Die beiden Hauptfahrwerke sind jeweils mit drei Achsen und insgesamt sechs Rädern ausgestattet, das Bugfahrbein ist doppelt bereift. Der Bomber ist mit ungewöhnlich langen, kastenförmigen Lufteinlässen versehen, die zwei im OKB Kusnetzow entwickelte Triebwerke versorgen. Bei den Modifikationen Tu-22M1 und M2 waren es zwei NK-22 mit je 215 kN Nachbrennerschub, bei den Tu-22M3 und M3R-Aufklärern sind es NK-25 mit je 245 kN. Die Kraftstoffreserve im Rumpf sowie den Flügeltanks beträgt 53.500 kg. Die ursprünglich installierte Anlage zum Betanken in der Luft ist nicht mehr vorhanden. Als maximale Geschwindigkeit werden 2300 km/h in großer Höhe und in Bodennähe 1050 km/h angege-

Langsteckenbombenflugzeug Tupolew Tu-22M3

Die Tu-22M3 kann ihre Flügelstellung zwischen 20 und 65 Grad verstellen und damit das jeweils geforderte Flugregime anpassen. (Foto: OAK)

ben, die Dienstgipfelhöhe liegt bei 13.300 m und die praktische Reichweite bei 7000 km.

Hauptbestandteil der Avionik ist ein Navigations- und Zielsystem mit einem leistungsfähigen Radar, das eine zuverlässige Erkennung und Zerstörung von Boden- und Seezielen ermöglicht. Außerdem zählen Trägheitsnavigation und ein elektro-optisches Visier zum Komplex. Im Heck des Flugzeugs kommen Radar- und TV-Zielgeräte für die dort befindliche Abwehrbewaffnung hinzu. Ein automatisches Flugkontrollsystem und ein Funhöhenmesser unterstützen Flüge in geringer Höhe.

Das Flugzeug kann als Bomber oder Raketenträger eingesetzt werden. Als Bomber können konventionelle oder nukleare Bomben mit einer Gesamtmasse von bis zu 24.000 kg an Bord genommen werden. In der Version des Marschflugkörperträgers der Tu-22M2 waren dabei eine oder drei Ch-22-Überschall-Mittelstrecken-Raketen möglich, bei der Tu-22M3-Modifikation sind es bis sechs ballistische Raketen. Sie sind auf einem Trommelwerfer im Rumpf montiert, während zwei Flügelstationen zwei weitere Raketen aufnehmen. Auch sind Kombinationen bei den mitgeführten Waffen möglich.

Derzeit wird in Russland an der Modernisierung der Tu-22M3-Bomber gearbeitet. Im Februar 2012 gab es erste offizielle Informationen, dass das russische Verteidigungsministerium einen Vertrag über die Modernisierung von Tu-22M3 auf den M3M-Standard unterzeichnet hatte. Mit dieser Modernisierung sollte der Bomber eine absolut neue elektronische Ausrüstung und die Möglichkeit erhalten, moderne hochpräzise Marschflugkörper Ch-32 einzusetzen. Im Jahr 2012 wurde ein Flug-

An den Lufteinlässen der Tu-22M3 gibt es an der Seite zusätzliche Klappen für die Luftzufuhr der Triebwerke etwa im Start- oder Landemodus.

Dreiseitenansicht der Tu-22M3

Heutzutage dürfte Russland noch über knapp 60 Tu-22M3 im Einsatz haben, die auf vier Basen, einschließlich des Trainingszentrums in Rjasan verteilt sind.

zeug dieses Typs umgerüstet, das eine Reihe von Tests absolvierte und bis 2020 waren 30 modernisierte Bomber eingeplant. Eine weitere Modernisierung von Tu-22M3 stellt die Installation eines neuen Komplexes der funkelektronischen Bordausrüstung als SWP-24-22 dar. Dieser Komplex ermöglicht es, die Genauigkeit der Navigation und den Einsatz von Waffen drastisch zu erhöhen und zum anderen eine präzise Landung des Flugzeugs unter schwierigen meteorologischen Bedingungen zu gewährleisten.

Tu-22M3 der russischen Luftstreitkräfte im Einsatz über Syrien. (Foto: Russian MOD)

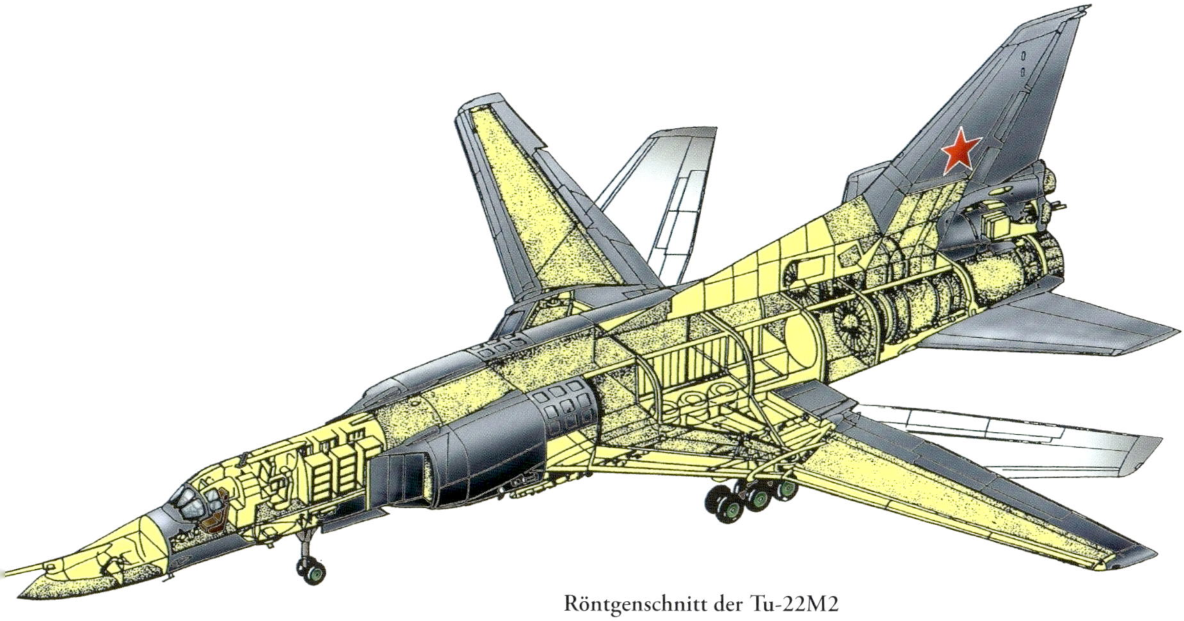

Röntgenschnitt der Tu-22M2

Im Kampf gegen die in Russland verbotene Terrororganisation Islamischer Staat (ISIS) wurde die hohe Kampffähigkeit der russischen Langstreckenflieger deutlich. So bombardierten am 17. November 2015 um 5.30 Uhr Moskauer Zeit zwölf Langstreckenbomber Tu-22M3 Positionen der Organisation in den syrischen Provinzen Raqqa und Deir ez-Zor. Am selben Tag starteten von 9:00 bis 9:40 Uhr strategische Marschflugkörperträger Tu-160 sowie Tu-95MS insgesamt 34 Lenkraketen auf Ziele in den syrischen Provinzen Aleppo und Idlib. Diese und die darauffolgenden Angriffe wurden nur auf zuvor aufgeklärte Ziele durchgeführt - Kommandoposten, militante Trainingslager, Fabriken zur Herstellung von Waffen und Munition, Infrastruktureinrichtungen. Vom 30. September bis 25. Dezember 2015 absolvierten die russischen Fernfliegerkräfte von den Flugplätzen Mozdok und Engels aus 145 Einsätze auf ISIS-Ziele und sie waren auch in der Folgezeit sehr aktiv.

Das Kommando der Luftstreitkräfte verbindet gewisse Hoffnungen auf eine Erhöhung der Kampffähigkeiten der Fernfliegerkräfte mit der Entwicklung und Einführung eines neuen Langstreckenbombers für künftige Anforderungen (PAK-DA). Dieser befindet sich derzeit in der Entwicklung.

So sagte der stellvertretende Verteidigungsminister der Russischen Föderation Juri Borisov bei einem Besuch im Kasaner Flugzeugwerk im Sommer 2017, dass PAK-DA so viele Waffen wie möglich tragen, unsichtbar sein und von Flugplätzen aller Kategorien operieren sollte. Er sollte über eine lange Missionsdauer und eine gute Tragfähigkeit verfügen. Zur gleichen Zeit stellte Borisov fest, dass die Anforderungen an Überschallfähigkeiten angesichts neuer Eigenschaften der mitzuführenden Waffen nicht mehr so relevant seien. Langstreckenbomber müssen nicht mehr die Verteidigung des Feindes durchbrechen, Überschallgeschwindigkeiten entwickeln und in große Flughöhen vordringen, wie dies die Tu-160 und die modernisierten Tu-160M und Tu-160M2 können.

Doppelläufige Abwehrkanone, Kaliber 23 mm, im Heck einer Tu-22M3. (Foto: Heiko Thiesler)

Tupolew PAK-DA

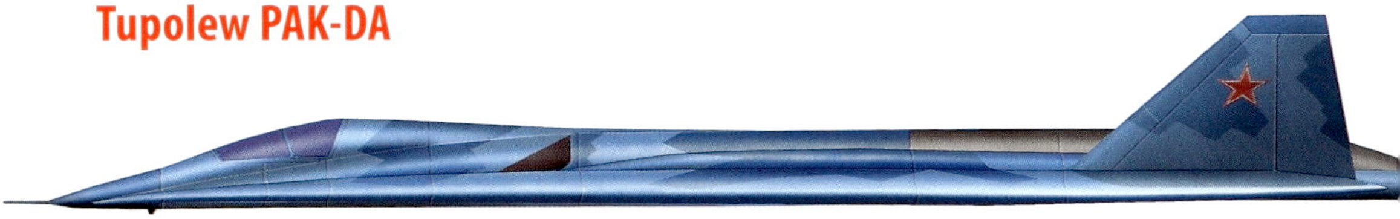

PAK-DA wird im Gegensatz zu Tu-160 und ihren modernisierten Ausführungen in Bezug auf Höchstgeschwindigkeit eine "himmlische Schnecke". Gleichzeitig finden bei dieser Auslegung wirtschaftliche Aspekte Berücksichtigung, denn der Betrieb im Unterschallbereich ist um eine Größenordnung billiger als eine überschallschnelle Maschine. PAK-DA soll im Luftraum Russlands patrouillieren und hochpräzise Marschflugkörper wie die Ch-101 und Ch-555 mit einer Reichweite von 3000 bis 5000 km tragen. Bekannt ist, dass PAK-DA nach dem für die russische Luftfahrt ungewöhnlichen „Flying Wing"-Schema bzw. einem dem Nurflügel ähnlichen Konzept aufgebaut ist. Der Rumpf wird aus Titanlegierungen bestehen und neue Verbundwerkstoffe werden in großem Umfang am Flugzeugdesign verwendet.

Nach den Plänen des Verteidigungsministeriums der Russischen Föderation wird PAK-DA nach der Auslieferung der modernisierten Tu-160M2 in Produktion gehen. Gleichzeitig wurde die Industrie damit beauftragt, in PAK-DA Geräte und Technologien zu verwenden, die für die Tu-160M2 entwickelt wurden.

Arbeiten an der Konzeption der PAK-DA werden seit 2009 im OKB Tupolew durchgeführt. Der Erstflug war ursprünglich für 2019 geplant, die Indienststellung für 2025. Die Modernisierung der Tu-160 wird diese Termine etwas verschieben. Dennoch schreitet das PAK-DA-Programm allmählich voran und liefert die gewünschten Ergebnisse. Alle oder fast alle erforderlichen Forschungs- und Entwicklungsarbeiten wurden durchgeführt, der größte Teil der Konstruktion wurde abgeschlossen. Die Herstellung von einzelnen Komponenten ist angelaufen, und darüber hinaus wurden Vorbereitungen zum Bau von vollwertigen Prototypen getroffen. Dabei müssen natürlich einige Baugruppen des zukünftigen Flugzeugs noch getestet und bewertet werden.

Nach jüngeren Berichten sollte der erste Prototyp des PAK-DA bis 2023 fertiggestellt sein. Der Zeitpunkt zur Aufnahme der Flugerprobung ist offen, doch soll der Erstflug gemäß den Verlautbarungen spätestens 2025 stattfinden. Dementsprechend

Verschiedene Darstellungen zum künftigen Langstreckenbomber der russischen Luftstreitkräfte PAK DA. (siehe Doppelseite)

besteht die Möglichkeit, mögliche Fristen für den Abschluss der Tests, den Start der Serie und den Beginn der Lieferungen an die Verbände vorherzusagen – schlussendlich auch wegen der geopolitischen Entwicklungen der letzten Zeit wären dies aber reine Spekulationen.

Die operativ taktischen (Front-) Fliegerkräfte, die Teil der Luftstreitkräftestruktur sind, verfügen über bedeutende Angriffsfähigkeiten. Die Frontbomberregimenter fliegen mit Su-24 und Su-34. Obwohl die mit Schwenkflügeln ausgestattete Su-24 mit ihrer auf den Februar 1975 datierten Indienststellung keine neue Maschine mehr ist, wurde ihre Avionik aktualisiert, sodass sie unter allen meteorologischen Bedingungen Raketen- und Bombenangriffe durchführen kann. Dabei kann sie im Geländefolgeflug in einer Höhe von 200 m mit Überschallgeschwindigkeit Angriffsattacken fliegen. Hierbei sind 1400 km/h möglich, während in großer Höhe mit nahezu zweifacher Schallgeschwindigkeit geflogen werden kann. Die Dienstgipfelhöhe ist auf 11.000 m begrenzt, die Reichweite beträgt 3000 km. Auch die jüngsten Ausführungen der Su-24 sind mit einer sechsrohrigen 23-mm-Kanone GSch-6-23M ausgerüstet, die über eine Feuerrate von 5000 Schuss pro Minute verfügt. Die Hauptbewaffnung wird an vier Tragflügel- und vier Rumpfstationen mitgeführt. Die beiden äußeren Tragflügelpylone können beim Verstellen der Tragflügel mitschwenken und sich praktisch zur Längsachse drehen. Entsprechend dem zugewiesenen Kampfauftrag kann das Flugzeug konventionelle Spreng-, Streu- und Lenkbomben, gelenkte und ungelenkte Luft-Boden-Raketen für verschiedene Zwecke sowie Container mit Napalm transportieren. Auch die Bestückung mit Atombomben ist möglich. Zur Selbstverteidung ist das Flugzeug mit zwei R-60-Luft-Luft-Raketen mit Infrarot-Zielsuchköpfen bewaffnet.

Als Nachfolger der Su-24 wurde mittlerweile der taktische Bomber Su-34 als neuestes Einsatzmuster der Frontbombenfliegerkräfte in Dienst gestellt. Das Flugzeug wurde im OKB Suchoi Mitte der 1980er Jahre aus dem Jagdflugzeug Su-27 entwickelt und ursprünglich als Su-27IB bezeichnet. Aufgrund seiner Fähigkeit, eine Kampflast von 8000 kg zu tragen, wurde es schließlich nicht unbedingt als Jagdbomber, sondern als Bomber eingestuft und erhielt die neue Typenbezeichnung Su-34.

Der erste Prototyp des Flugzeugs nahm am 13. April 1990 die Flugerprobung auf, das erste Serienflugzeug wurde 1994 im Flugzeugwerk Nowosibirsk gebaut.

Suchoi Su-34

Die russischen Luftstreitkräfte nutzen die Su-34 als allwettertaugliches Kampfflugzeug, dass bei Tag und Nacht Luftangriffe gegen Bodenziele durchführen kann. Auch der Einsatz des Flugzeugs für Tiefflugeinsätze ist inbegriffen. Hinzu kommt die Möglichkeit, sich dank der vorhandenen Manövrierfähigkeit und Bewaffnung gegen feindliche Jagdflugzeuge zu verteidigen und dabei nicht auf einen umfangreichen Schutz durch Begleitjäger angewiesen zu sein. Im Cockpit der Su-34 sitzen beide Besatzungsmitglieder - Pilot und Navigator/Systemspezialist - nebeneinander auf K-36 Schleudersitzen. Der Einstieg in die Kabine erfolgt über eine Trittleiter von unten in den Rumpf. Das Cockpit ist für lange Flugzeiten ausgelegt, ermöglicht den Besatzungsmitgliedern das Aufstehen und Aufwärmen, sie ist mit einer Klimaanlage, einer Toilette und einer kleinen Kombüse ausgestattet. Die Kabine wird von einer 17 mm starken Titanlegierung sowie einer kugelsicheren Cockpitverglasung geschützt. Die Gestaltung des Cockpits brachte gegenüber der Su-27 eine Modifikation des Rumpfbugs mit sich, die vor allem durch die abgeflachte Form auffällt. Auffällig sind auch die Canard-Vorflügel am Bug, die zur Verbesserung der Aerodynamik gerade bei Flügen in geringer Höhe und der Manövrierfähigkeit im Allgemeinen dienen. Das Hauptfahrwerk der Su-34 zeichnet sich durch zweirädige Tandemgestelle mit seitlich versetzten Rädern aus und auch das Bugrad ist doppelt bereift. Diese Konfiguration ist einem erhöhten Abfluggewicht sowie dem Einsatz von weniger befestigten oder verschneiten Pisten geschuldet. Zwei Mantelstromtriebwerke vom Typ AL-35F mit jeweils 137,2 kN Nachbrennerleistung übernehmen den Antrieb. Der Kraftstoff in den internen Tanks ermöglicht eine Reichweite von 4100 km und kann durch die Benutzung der ausfahrbaren Nachtankvorichtung vergrößert werden.

Das Feuerleitsystem mit einem modernen Digitalrechner und einem hochauflösenden Mehrzweckradar gehört zu den Hauptbestandteilen der Bordavionik. Dank dem im Bug untergebrachten Radar,

Frontalansicht der Su-34

Der große Heckausleger nimmt ein Gerät zur bordeigenen Stromversorgung sowie Täuschkörperwerfer auf.

ergänzt um Trägheits- und Astronavigationsanlage, sind Einsätze mit hoher Genauigkeit möglich. Der Bomber ist zudem mit einem Warn- und Abwehrsystem ausgerüstet, dass Flüge mit hoher Geschwindigkeit (bis 1400 km/h) und im extremen Tiefflug erlaubt. Die Bewaffnung der Su-34 umfasst eine eingebaute 30-mm-Kanone und hochpräzise Luft-Boden-Lenkraketen. Hinzu kommen Lenkbomben verschiedener Kaliber oder auch Anti-Radar-Raketen zur Ausschaltung der feindlichen Luftabwehr und nicht zuletzt gelenkte Luft-Luft-Raketen zur Selbstverteidigung.

Beim Fliegen in großen Höhen kann das Flugzeug eine Höchstgeschwindigkeit von bis zu 1900 km/h erreichen, in Bodennähe sind es beachtliche 1400 km/h. Die praktische Gipfelhöhe beträgt 14.650 m, ohne Betankung in der Luft kann das Flugzeug 4100 km weit fliegen, mit Nachtanken erhöht sich die Reichweite auf 7000 km.

Zusammen mit der Su-24 entwickelte sich die Su-34 zum Haupteinsatzmuster der russischen Luftstreitkräfte für Luft-Boden-Angriffe in Syrien und attackierte zahlreiche Ziele der militanten ISIS-Gruppierungen, ihre Kommandozentralen, Kommunikationszentren, Verteidigungsstrukturen usw.

Inzwischen werden Modernisierungsmaßnahmen für einen Teil der Su-34-Flotte und der Umfang der Arbeiten untersucht, die neben der Zuführung weiterer neu gebauter Maschinen erfolgen könnte. Medienberichten zufolge erhielt das Verteidigungsministerium im Juni 2020 die letzten vier Exemplare aus einer 2012 bestellten Charge von insgesamt 92 Su-34. Zusammen mit den Versuchsmaschinen und Vorserienmodellen wurden bereits mehr als 130 Maschinen dieses Typs produziert. Früheren Planungen zufolge sollten sämtliche Su-24M-Bomber durch die Su-34 ersetzt werden, im Juni 2020 folgten Berichte über den Vertrag zur Produktion von 20 weiteren Su-34 mit einigen Verbesserungen. Das schließt vor allem eine aufgewertete Avionik und Mittel zur elektronischen Kampfführung ein. Für einen einheitlichen Standard soll eine Modernisierung an den bereits vorhandenen Flugzeugen sorgen. Darüber hinaus gibt es Informationen über die Vorbereitung zum Bau von 76 grundlegend modernisierten Bombern, die inoffiziell als Su-34M oder Erzeugnis 10WM bezeichnet werden. Ein Vertrag über die Durchführung der Konstruktions- und Erprobungsarbeiten zur Erweiterung der Kampffähigkeiten der Su-34 wurde im April 2019 unterzeichnet. Hierbei dürfte die Avionik zu großen Teilen überarbeitet werden, zur Verbesserung bei den Radar-, Navigations- und Kommunikationssystemen und einer erweiterten Nutzung von "intelligenten" Waffen führen. Ein wichtiges Merkmal der neuen und modernisierten Flugzeuge wird die Möglichkeit zur Verwendung

Dreiseitenansicht der Su-34

Frontbomber Suchoi Su-34

von drei standardmäßigen Aufklärungscontainern sein, die unabhängig voneinander funkelektronische sowie Luftbild- und Radaraufklärung übernehmen. Diese unter dem Rumpf mitgeführten Geräte sollen auch die Zielerkennung aus größerer Entfernung und unter allen Wetterbedingungen gewährleisten.

Ein wichtiger Bestandteil der russischen Frontfliegerkräfte ist noch immer das Angriffsflugzeug Su-25. Dieses Flugzeug, dass Anfang der 1980er Jahre seinen Dienst in den sowjetischen Schlachtfliegerregimentern angetreten hat, bewährte sich danach im Afghanistankrieg sowie weiteren bewaffneten Konflikten in verschiedenen Teilen der Welt.

Derzeit werden die Schlachtfliegerverbände der

Die Besatzung der Su-34 ist nebeneinander untergebracht, vor dem Tragflügel gibt es zusätzliche Canards.

Die Su-34 nimmt an zwölf Stationen bis zu 8000 kg Bewaffnung auf, das Abfluggewicht kann maximal 45.100 kg betragen.

russischen Luftstreitkräfte mit Umrüstvarianten modernisierter Versionen ausgestattet, die im OKB Suchoi entwickelt wurden. Das Modernisierungsprojekt der Su-25 basierte auf dem Prinzip "einfach-genau-effektiv-preiswert". Berücksichtigt wurden gleichzeitig die schwierigen Wetterbedingungen in Mittel- und Osteuropa, wenn sich bspw. die Wolkendecke an 75% der Tage im Jahr in einer Höhe von weniger als 400 m befindet. Das bedeutet wiederum eine Einsatzflughöhe von 200 bis 300 m und den präzisen Einsatz der Waffen sowohl im Horizontalflug als auch während des Fliegens komplexer Manöver.

Die Entwickler unterscheiden mehrere Modernisierungsstufen bei der Su-25, da auch die ursprünglichen Maschinen in Baulosen mit abweichender Bordausrüstung hergestellt wurden.

Suchoi Su-25SM

Die Flugzeuge der ersten Modernisierungsstufe erhielten die Bezeichnung Su-25SM1, die der zweiten Su-25SM2 und der dritten schließlich Su-25SM3.

Einer der Unterschiede zwischen den Flugzeugen der ersten und zweiten Modernisierungsstufe besteht darin, dass die Sensoren des Radarwarnempfängers L-150 "Pastel" in den Flügelspitzen der Su-25SM2 installiert sind. Darüber hinaus gibt es bei den Su-25SM1 und Su-25SM2 Abweichungen in der Software und der Rechnerleistung. Gleichzeitig tragen alle modernisierten SM1- und SM2-Maschinen die offizielle Bezeichnung Su-25SM. Dabei ist zu beachten, dass die Modernisierung zunächst jüngere Flugzeuge des zehnten, ab 1987 produzierten Bauloses betraf, die noch über eine hohe Restflugzeit verfügten und bei denen bereits einige Aufwertungen etwa für eine größere Überlebensfähigkeit umgesetzt wurden. Beim SM-Upgrade wurde zunächst die

Ein Schlachtflugzeug der modernisierten Ausführung Su-25SM.

Auch die zweisitzigen Trainingsflugzeuge wurden modernisiert und tragen nachfolgend die Bezeichnung Su-25UBM. Gut zu sehen die aufgestellten Bremsklappen an den Flügelenden.

Avionik aktualisiert und ein neues Navigations- und Zielsystem PrNK-25SM („56SM") installiert. Neben einem neuen Digitalcomputer gehören Informationsverarbeitungs- und Anzeigegeräte einschließlich Head-Up-Display und Multifunktionsbildschirm, außerdem Luftwerterechner, Satellitennavigation, Funkkompass, Dopplergerät und die Kommunikationsanlage zu den Neuerungen.

Das modernisierte Kampfflugzeug erhielt das Waffenkontrollsystem 39PM, das zusammen mit dem „Bars" PrNK-25SM den Einsatz von:

- ungelenkten und gelenkten Flugkörpern,
- ungelenkten Fliegerbomben;
- der eingebauten Bordbewaffnung mit variabler Feuerrate;
- verschiedene Waffenkombinationen;
- das Ablassen von Außenbord-Kraftstofftanks übernimmt.

Das Cockpit des modernisierten Kampfflugzeugs ist mit einem farbigen Multifunktionsdisplay ausgestattet, das Flug-, Karten- und Ziel- sowie andere taktische Informationen anzeigen kann. Insbesondere mit der digitalen geographischen Karte des Zielgebiets können Informationen über die Lage der Frontlinie, die Lage und Reichweite von Aufklärungs- und Luftverteidigungssystemen usw. angezeigt werden. Anstelle des früheren ASP-17-Visiers wird nun ein Weitwinkel-Head-Up-Display auf der Frontscheibe des Cockpits verwendet, dass alle relevanten Informationen zum Steuern und Angreifen anzeigt. Einen Autopiloten gibt es auch innerhalb der SM-Modernisierung nicht. Ein Kontrollsystem verringert die Arbeiten zwischen zwei Kampfeinsätzen, der Zeitaufwand konnte gegenüber der Su-25 um 25 bis 30% verringert werden.

Die Su-25SM verfügt über eine zweiläufige 30-mm-Bordkanone GSch-2-30, wobei hier erstmals bei einem Schlachtflugzeug eine variable Feuerrate zur Anwendung gelangt und damit die Anzahl der Angriffsattacken erhöht werden kann. Daneben können weitere Abwurfwaffen an acht Aufhängepunkten bis zu einer Masse von 5000 kg mitgeführt werden.

Als Ergebnis der Modernisierung wurde die Su-25SM zu einem Flugzeug mit neuen Einsatzfähigkeiten sowie einer um das 1,5-fach erhöhten Effektivität. Die Zielgenauigkeit ist höher und konnte dank der Satellitengestützten Positionsbestimmung auf eine Abweichung von 15 m begrenzt werden. Ohne diese kann sie immer noch bis zu 200 m

Flugzeuge bei der Feier zum 100. Jahrestag der russischen Luftwaffe. (Foto: Vitaly V. Kuzmin CC BY-SA 4.0)

betragen. Neben der GLONASS-Satellitennavigation dient auch die Navigations- und Zielanlage SWP-24-25 des Herstellers Gefest & T mit höchstens zehn Metern Abweichung einer höheren Zielgenauigkeit und verbessert vor allem die Präzision beim Einsatz ungelenkter Waffen.

Su-25, die bereits 17 bis 18 Jahre geflogen werden, können dank der Modernisierungen eine Lebensdauer von weiteren Jahrzehnten erzielen. Ab 2006 gelangten die ersten modernisierten Su-25SM zur Auslieferung, im November 2014 wurden die ersten 16 Su-25SM3 den Schlachtfliegern des südlichen Militärbezirks übergeben. Die Einsatzeffizienz hat sich bei dieser Variante gegenüber früheren Modifikationen um das Dreifache verbessert. Mehrere Maschinen dieses Typs waren oder sind Teil des Engagements der russischen Luft- und Weltraumstreitkräfte in Syrien.

Der Haupteinsatzzweck der taktischen Jagdfliegerkräfte Russlands besteht darin, feindliche Flugzeuge in der Luft oder auf Flugplätzen zu zerstören, eigene Verbände und wichtige Objekte vor Luftangriffen zu schützen und die Kampfhandlungen der eigenen Kampfflugzeuge abzusichern oder bei Bedarf zu unterstützen. In den russischen Streitkräften gelten die MiG-29 und die Su-27 als die Haupteinsatzmuster als Frontjäger. Beide Flugzeuge wurden ab 1971 im Rahmen des vom Ministerium der Luftfahrtindustrie der UdSSR herausgegebenen Wettbewerbsprogramms „Frontjäger der Zukunft" (PFI) entwickelt.

Innerhalb des PFI-Programms vertraten Flugzeugentwickler und das Militär die Meinung, dass eine optimale Ausstattung der sowjetischen Luftstreitkräfte auf zwei Jagdflugzeugtypen basieren sollte. Zum einen sollte dies ein schweres Jagdflugzeug (TPFI) sein, dass autonom oder als Teil eines Verbandes 250-300 km weit in fremdem Luftraum operieren konnte. Zum anderen sollte es um ein leichtes Frontjagdflugzeug (LPFI) ergänzt werden, dass innerhalb einer taktischen Tiefe von 100-150 km über eigenem Territorium operierte. Es ist bemerkenswert, dass man in den Vereinigten Staaten zu der gleichen Schlussfolgerung gelangte und neben der schweren F-15 auch die leichtere F-16 entwickelt wurde.

Verantwortlich für das Design des schweren TPFI-Jägers war schließlich das OKB Suchoi, während die Konzeption des leichten Jägers im MiG-Konstruktionsbüro stattfand. Der Bau eines Prototyps vom zuletztgenannten, der späteren MiG-29, begann 1975. Den Erstflug absolvierte am 6. Oktober 1977 Alexander Fedotow. Die staatlichen Testreihen fanden am 27. Oktober 1983 ihr Ende und das Flugzeug wurde nachfolgend von den Luftstreitkräften der UdSSR übernommen. Die Serienproduktion war 1982 in Moskau angelaufen und ergab bis Ende 1991 etwa 1200 Exemplare. Weitere 200 MiG-29 wurden in einem Herstellerwerk in Nischni Nowgorod gefertigt.

Mikojan-Gurewitsch MiG-29 und MiG-35

Der MiG-29-Jäger ist in Ganzmetall hergestellt. Die Konstruktion des Flugzeugs basiert auf einem sogenannten integralen Layout, wobei Rumpf und Tragwerk einen gemeinsamen Auftriebskörper bilden und damit eine hohe aerodynamische Wirkung erreicht wird. Die an der Vorderkante um 42 Grad gepfeilten Tragflügel erlauben beachtliche Anstellwinkel und enge Kurvenradien. Wirbelgeneratoren sorgen für eine gleichmäßige Umströmung der Tragflächen, außerdem kommt ein doppeltes Seitenleitwerk zur Anwendung. Das druckbelüftete Cockpit ist mit einem K-36D-Schleudersitz ausgestattet, der das Katapultieren bei Null-Geschwindigkeit und in Null-Höhe gestattet. Anfangs wurden zwei RD-33-Turbofans als Triebwerk verwendet, die bei eingeschaltetem Nachbrenner einen Gesamtschub von zusammen 162,8 kN entwickelten. Bei den neuesten Modifikationen, insbesondere bei der MiG-29M, sind zwei RD-33K-Triebwerke eingebaut, die es auf einen Gesamtschub von zusammen 172,6 kN im Nachbrennerbetrieb bringen. Der Kraftstoffvorrat in den internen Tanks beträgt 4200 Liter, bei den Baureihen mit den geänderten Lufteinlässen und ohne die zusätzlichen Schlitze auf der Oberseite der Flügelwurzeln sind es 5700 Liter. Möglich ist die Mitnahme von drei externen Kraftstofftanks mit einem Gesamtvolumen von 3820 l sowie bei den neuesten Baureihen das Auffüllen des Kraftstoffvorrats durch Luftbetankung.

Das Jagdflugzeug erhielt ein leistungsstarkes Feuerleitsystem, das im Wesentlichen aus drei Geräten besteht, die auch kombiniert genutzt werden können. Es sind:

- ein Doppler-Radar mit Sicht nach unten, dass die Erkennung von Zielen vor dem Erdhintergrund ermöglicht;
- ein Infrarotsensor, der zusammen mit einem Laserentfernungsmesser die Koordinaten des Ziels hochpräzise bestimmt und das Radar ergänzt;
- ein opto-elektronisches Visiersystem.

Alle Systeme können sowohl einzeln als auch gemeinsam arbeiten, verbunden über einen Bordcomputer mit dem Helmvisier des Piloten. Zur Ausrüstung gehören außerdem das Navigationssystem, Freund-Feind-Erkennungs- und Radarwarnanlagen, ein Head-Up-Display auf der Cockpitscheibe sowie ein akustisches Warnsystem zur Information über gefährliche Fluglagen oder feindliche Bedrohungen. Zum Schutz vor Infrarot- und Radargelenkten Raketen können Täuschkörper ausgestoßen werden, die in dazugehörigen Vorrichtungen vor dem Leitwerk ihre Unterbringung fanden. Beim Manövrieren im Nahluftkampf oder auch bei Formationsflügen stehen dem Piloten im Cockpit drei Drehspiegel zur Verfügung, mit denen die Situation in der hinteren Halbsphäre beobachtet werden kann.

Röntgenschnitt der MiG-29

MiG-29 im Paarflug. Hier erkennt man die zusätzlichen, geöffneten Luftansaugklappen auf den Tragflügelwurzeln. (Foto: Russian MOD)

Die Bordbewaffnung der MiG-29 besteht aus einer 30-mm-Kanone GSch-301 mit einer Feuerrate von 1500 Schuss pro Minute und einem Munitionsvorrat von 150 Granaten. Sie gilt im Kampfeinsatz als recht effektiv, verfügt allerdings über eine geringe Lebensdauer von 2000 Schuss. Die extern mitgeführte Bewaffnung findet an sechs Stationen Platz. Dies können gelenkte Luft-Luft-Raketen R-27, R-27AE, R, RE, T und TE, R-60 und R-60M, R-73 und R-74 sowie R-77 und R-77SD, gelenkte Luft-Boden-Raketen Ch-29L und TE, Ch-31A, AD, P und PD, Ch-35P, PD, U und UE, Ch-38 und Ch-59 sein. Zur Zielzuweisung der Luft-Boden-Lenkwaffen sind externe Zielbeleuchter oder zusätzlich mitgeführte Behälter notwendig. Hinzu kommen konventionelle und gelenkte Bomben, Napalmbehälter, Kassetten mit ungelenkten Raketen oder auch Atombomben.

Im Laufe der Jahre entstanden verschiedene Versionen der MiG-29. Dazu gehört die Flugzeugträgergestützte MiG-29K, die wiederum als Grundlage für die neuen, mit Mehrzweckcharakter versehenen Frontjäger MiG-29SMT und MiG-35 diente.
Die Hauptmerkmale der zum Ende der 1990er Jahre entstandenen MiG-29SMT sind:

- Das Waffensortiment wurde um moderne Präzisions-Luft-Boden-Lenkwaffen erweitert und kann an künftige Entwicklungen auf diesem Sektor angepasst werden.
- Das Flugzeug ist mit einem Mehrzweck-Puls-Doppler-Radar "Schuk-ME" ausgestattet, das von der Firma NIIR Fazotron hergestellt wird. Das Radar besteht aus zahlreichen Modulen, die samt Antenne auf das Ziel ausgerichtet werden. Im Vergleich zum Radar der vorherigen Generation verfügt das Schuk-ME über einen größeren Bereich an horizontalen Blickwinkeln, eine beinah verdoppelte Erfassungsreichweite, ein geringeres Gewicht und eine höhere Zuverlässigkeit. Das "Schuk-ME" ermöglicht die Verfolgung von bis zu

MiG-29 rollen zum Start, die eigentlichen Lufteinlässe sind verschlossen. (Foto: Russian MOD)

Jagdflugzeug Mikojan-Gurewitsch MiG-29(UB)

zehn Luftzielen und das gleichzeitige Bekämpfen von vier davon.

- Die funkelektronische Bordausrüstung der MiG-29SMT basiert auf dem Prinzip einer offenen Architektur mit einem zentralen Computersystem und verschiedenen Subelementen und Datenbussen. Dies ermöglicht bei Bedarf die Einführung neuer Module russischer und ausländischer Hersteller in seine Struktur.
- Das Cockpit der MiG-29SMT umfasst zwei neue großformatige Multifunktionsbildschirme MFI-10-6 und setzt das HOTAS- Konzept mit allen wichtigen Bedienfunktionen an Gashebel und Steuerknüppel um.
- Ein neues System der Trägheits-Satellitennavigation wurde in die Navigationsausrüstung eingeführt.
- Das Flugzeug ist mit einer Nachtankvorichtung ausgestattet. Der links im vorderen Rumpf eingebaute Betankungsausleger ist abnehmbar, wobei die Installation im Einsatzbetrieb ca. 2 Stunden dauert. Mit dem Nachtanken in der Luft kann die MiG-29SMT ihre Flugdauer erheblich ausdehnen und ist höchstens von der Kondition des Piloten begrenzt. Zur Erhöhung der Reichweite wurde zudem der Rumpfrücken des Flugzeugs vergrößert. Hier nimmt der vorne liegende Tank 1400 l, der am Heck liegende weitere 480 l Kraftstoff auf. Der vorne liegende Tank wurde in Flugzeugreparaturbetrieben als Modernisierung eingebaut, der Einbau des Hecktanks kann von Einheiten der Luftstreitkräfte vor Ort bewerkstelligt werden.

Ein extern mitgeführter Behälter kann der elektronischen Kampfführung dienen, optische und funkelektronische Aufklärungs- und Ortungssysteme sind weitere Einsatzmittel. Die Einsatzpalette an Waffen fällt bei der MiG-29 vielschichtiger aus. Neben der GSch-301-Bordkanone gehören die oben genannten Lenkwaffen für den Luft-Luft- und Luft-Boden-Bereich dazu, die sich auf sechs Aufhängepunkte unter dem Tragwerk sowie einem weiteren unter dem Rumpf verteilen. Häufig werden Kombinationen aus diesen wie etwa zwei weit reichende R-27E sowie vier für mittlere Entfernungen ausgelegte R-27 oder sechs R-73 für den Nahluftkampf oder ein Mix aus diesen mitgeführt. Zum anderen können dies vier TV-gelenkte Ch-29T und lasergelenkte Ch-29L oder Lenkbomben der Typen FAB-500Kr und FAB-500L gegen Bodenziele, Anti-Schiffs-Lenkwaffen Ch-31 und Ch-35U oder Anti-Radar-Raketen Ch-31P und nicht zuletzt ungelenkte Raketen und Bomben sein, die auch von den älteren MiG-29S verwendet wurden. Die Kampfmittelzuladung beträgt 4000 kg.

Auch die jüngste Ableitung als MiG-35 hat Mehrzweckcharakter und profitierte von der Weiterentwicklung der technischen Lösungen der vorherigen MiG-29 und MiG-29SMT.

- Die MiG-35 ist in der Lage, die folgenden Kampfaufträge zu lösen:
- Erlangung der Luftherrschaft bei Konfrontationen mit Jägern der vierten und fünften Generation;
- Abfangen anfliegender Luftangriffswaffen (Raketen / Marschflugkörper);
- Ausführung von Schlägen mit hochpräzisen Waffen auf Bodenziele Tag und Nacht und bei jedem Wetter, ohne in den Bereich der gegnerischen Luftverteidigung einzudringen;

- Durchführung von Luftbildaufklärung mit entsprechenden Mitteln;
- Teilnahme an gemeinsamen Kampfhandlungen und Wahrnehmung der Funktion eines Luftkommandopostens für eigene und verbündete Verbände.

Die neue Baureihe soll in zwei Versionen produziert werden: als einsitzige MiG-35 und als zweisitzige MiG-35D. Dabei wird das zweisitzige Flugzeug keineswegs eine Schulmaschine wie die MiG-29UB sein, sondern ein vollwertiges Mehrzweckkampfflugzeug mit erweiterten Angriffsfunktionen. Die Entwicklung der MiG-35D entspricht dem aktuellen Trend zum Einsatz von zweisitzigen Mehrzweckkampfflugzeugen. Es ist praktisch erwiesen, dass der Pilot eines einsitzigen Flugzeugs beim Attackieren von Bodenzielen, insbesondere beim Fliegen in geringer Höhe, in einer extrem angespannten Umgebung agieren muss. Er fliegt mit hohen Geschwindigkeiten und muss sein komplexes Flugzeug auch in anderen Lagen steuern, gleichzeitig mobile und stationäre Bodenziele erkennen und ausschalten.

Bei einem zweisitzigen Flugzeug ist eine Arbeitsteilung möglich, wobei sich der Pilot auf die Steuerung des Flugzeugs und die Navigation konzentriert und der zweite den Waffeneinsatz übernimmt. Um die Möglichkeit der Arbeitsteilung zu gewährleisten, ist das vordere Cockpit der MiG-35D mit drei Multifunktionsanzeigen und einem Weitwinkel-Head-Up-Display ausgestattet. Das hintere Cockpit verfügt über vier Multifunktionsanzeigen, von denen eine vom Head-Up-Display des ersten Cockpits mit Informationen versorgt wird.

Die MiG-35 / MiG-35D-Jäger haben auch erhebliche operative Vorteile:

- die Zuverlässigkeit des Flugzeugs, der Avionik und des Antriebs wurden deutlich erhöht;
- eine erhöhte Lebensdauer und Wirtschaftlichkeit;
- Überholungsintervalle beim Antrieb konnten ausgedehnt werden;
- die Kosten für eine Flugstunde mit MiG-35 / MiG-35D konnten gegenüber der MiG-29 fast halbiert werden.

Die Kampfflugzeuge MiG-35 / MiG-35D verfügen zudem über ein erhebliches Potenzial für weitere Anpassungen und könnten bis 2040 auf dem internationalen Waffenmarkt gefragt bleiben.

Gemäß den vom russischen Verteidigungsministerium geschlossenen Verträgen werden in den nächsten Jahren zunächst höchstens 30 MiG-35-Flugzeuge in den russischen Jagdregimentern ihren Dienst antreten.

Neben der MiG-29 ist das Haupteinsatzmuster der russischen Jagdflieger die Su-27. Dieses Flugzeug wird seit 1982 in Serie produziert, während die offizielle Übernahme in den Bestand der (damals noch) sowjetischen Luftstreitkräfte am 23. August 1990 erfolgte.

Eine MiG-29KUB landet auf seinem Trägerschiff. (Foto: RSK MIG)

Dreiseitenansicht der MiG-29

Modernste Ausführung ist die MiG-35, hier in der Zweisitzerversion D und bewaffnet mit Lenkraketen. (Foto: RSK MIG)

Suchoi Su-27

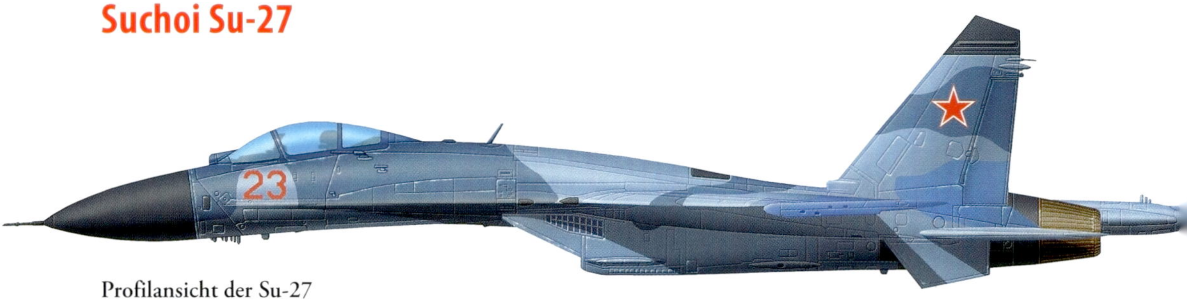

Profilansicht der Su-27

Wie die MiG-29 ist die Su-27 nach einem integralen Konstruktionsschema entworfen, bei dem der Flügel reibungslos in den Rumpf übergeht und somit ein einziger Auftriebskörper erzeugt wird. Rumpf und Tragflächen der Su-27 zeichnen sich durch hohe Auftriebswerte sowie einen geringen Luftwiderstand über die gesamte Spannweite aus, die weit vorgezogenen Tragwerksvorderkanten erzeugen starke Wirbel und verbessern damit Aerodynamik wie auch die Umströmung der Grenzschicht. Die Tragflügel sind trapezartig gestaltet und entlang der Vorderkante um 42 Grad gepfeilt. Das gesamte Design samt seinen Strukturen bietet viel Platz zur Aufnahme von Kraftstoff und anderen Ausrüstungsbestandteilen, was einer großen Reichweite zu Gute kommt. Der Rumpfbug ist mit einer charakteristischen Absenkung versehen und nimmt im druckbelüfteten Cockpit auf einem K-36DM-Schleudersitz den Piloten auf. Der verfügte über eine gute Sicht aus dem reichlich verglasten Cockpit, das sich nach hinten öffnet. Das Fahrwerk besteht aus drei Baugruppen – den beiden einfach bereiften Hauptstreben sowie dem doppelt bereiften Bugrad. Rechteckige Lufteinlässe befinden sich unter den Tragflügelansätzen und besitzen bewegliche Gitter zum Schutz vor Fremdkörpern während des Bodenbetriebs oder der Start- und Landephase. Dem Antrieb dienen zwei AL-31F-Mantelstromtriebwerke, die im OKB von Archip Ljulka konstruiert wurden. Sie sind modular aufgebaut und entwickeln einen Maximalschub von jeweils 74,5 kN ohne und 122,6 kN mit Nachbrenner. Zugleich zeichnen sie sich durch eine hohe Effizienz bei geringen Abmessungen und Gewichten aus. Der interne Kraftstoffvorrat der Su-27 beträgt 9400 l, spätere Versionen sind mit Luftbetankungsanlagen ausgestattet. Mit dem internen Kraftstoff sind 1370 km Reichweite möglich, während die Dienstgipfelhöhe 18.500 m und die Höchstgeschwindigkeit 2500 km/h in großen Höhen sowie 1400 km/h in Bodennähe beträgt.

Die Su-27 war das erste Serienflugzeug der Sowjetunion, dass anstelle einer mechanischen Flugsteuerung eine Fly-by-wire-Steuerung erhielt und dem eigentlich instabil ausgelegten Flugzeug eine beeindruckende Beweglichkeit verleiht. Die Bordelektronik besteht vor allem aus dem Navigations- und Zielkomplex, dem Waffenrechner und den Geräten zur elektronischen Kampfführung. Das Puls-Doppler-Radar kann auch Ziele vor dem Erdhintergrund erfassen, die Zielerfassungsreichweite beträgt über 100 km. Zehn Ziele können gleichzeitig erkannt und ein bis zwei davon bekämpft werden. Auf kürzeren Distanzen kann die Ortung auch von einem kombinierten System aus Infrarotsensor und Laserentfernungsmesser sowie dem Zielbestimmungssystem des Helmvisiers übernommen werden. Zur elektronischen Kampfführung gibt es neben Radarwarnempfängern auch passive und aktive Störvorrichtungen.

Eine in der rechten Flügelwurzel installierte 30-mm-Kanone GSch-301 mit einer Kadenz von 1500 Schuss pro Minute macht die Bordbewaffnung der Su-27 aus, zehn externe Stationen stehen weiteren Waffen zur Verfügung. Das können sechs R-27R, T, ER oder ET zur Bekämpfung von Luftzielen auf mittlere Entfernungen und vier Kurzstreckenraketen der R-73-Serie sein. Gegen Bodenziele konnten allerdings nur ungelenkte Raketen oder Freifallbomben eingesetzt werden. Zweifellos zeigt diese Eigenschaft das Potenzial zu umfassenden Modernisierungsmaßnahmen mit auf. So entstanden auf der Basis der Su-27 folgende Weiterentwicklungen:

- Su-27UB – zweisitziges Schul- und Kampfflugzeug (1981);
- Su-27M (auch Su-35, Typenbezeichnung erstmals verwendet) - Mehrzweckjäger mit verbesserter Aerodynamik und neuer Bordelektronik (1989);
- Su-27K, später Su-33 – trägergestützte Version mit klappbaren Tragflächen und Leitwerken (1989);
- Su-34 – zweisitziger Jagdbomber / Frontbomber (1990);

Die Su-27 verfügt über ausgezeichnete Manövrierfähigkeiten. (Foto: Russian MOD)

Dreiseitenansicht der Su-27

Su-27 im Paarflug, die vordere Maschine gehörte zur russischen Kunstflugstaffel „Russkije Witjasi" / „Russische Recken". (Foto: Russian MOD)

- Su-30MK - zweisitziges Mehrzweckkampfflugzeug, das auf der Grundlage der Su-27UB (1992) entwickelt wurde;
- Su-27PU (Su-30) – Langstreckenabfangjäger, auch als Führungs- und Leitflugzeug für vier Jagdflugzeuge gedacht.

Das neueste Kampfflugzeug auf Basis der Su-27 ist das Mehrzweckjäger Su-35S. Die Entwicklung des Flugzeugs erfolgte ab 2005, der erste Prototyp flog ab dem 19. Februar 2008 und die erste Serienmaschine der Su-35S absolvierte am 3. Mai 2011 ihren Erstflug.

Die Su-35S wurde entwickelt, um Luftziele bei jedem Wetter, bei Tag und Nacht und unter dem Einfluss starker elektronischer Gegenmaßnahmen zu zerstören sowie hochpräzise Angriffe gegen Bodenziele auszuführen, ohne in die feindliche Luftverteidigungszone einzudringen zu müssen.

Vom Design her ist die Su-35S ebenfalls ein zweistrahliges Pfeilflügelflugzeug mit doppeltem Leitwerk.

Im Vergleich zur Su-27 haben die Flugzeugzelle und Tragflächen der Su-35S eine verstärkte Struktur, die die Lebensdauer des Flugzeugs deutlich erhöht – auf bis zu 6000 Flugstunden oder 30 Jahre Betriebszeit. Bei der Herstellung der Flugzeugzelle kommen zudem Technologien zur Reduzierung der Radarsignatur zur Anwendung, zum gleichen Zweck wurden auch die Flächen der Seitenleitwerke etwas verkleinert. Zu den Konstruktionsmerkmalen der Flugzeugzelle gehört das Fehlen der auf dem Rumpfrücken installierten Bremsklappe, die bei der Su-27 markant ausfiel. Die Funktion dieser Bremsklappe übernehmen nun unterschiedlich ausgelenkte Ruder. Modifizierungen führten zur Steigerung des internen Kraftstoffvolumens um mehr als 20%. Vollgetankt nehmen die rumpfinternen Behälter nun statt 9400 kg ganze 11.500 kg Kraftstoff auf. Optional kann der Kraftstoff durch zwei externe Zusatzbehälter mit je 1800 l ergänzt sowie durch Luftbetankung wieder aufgefüllt werden. Verstärkt wurde auch das Fahrwerk. Der Antrieb der Su-35S besteht aus zwei Mantelstromtriebwerken AL-41F-1S mit einer Schubvektorsteuerung. Die beweglichen Düsen können den Abgasstrahl in einer Achse in verschiedenen Winkeln ausrichten und verbessern die Manövrierfähigkeit des Flugzeug nochmals. Ohne Nachbrenner erzeugt jedes der beiden Triebwerke 86,3 kN Schub, im Nachbrennerbetrieb sind es jeweils 142,2 kN. Zusätzlich steht eine Gasturbine TA14-130-35 mit 105 kW Leistung zur Verfügung und sorgt am Boden für die Stromversorgung an Bord, für die Klimatisierung der Kabine sowie das Starten der beiden Triebwerke. Die Su-35S ist mit der neuesten Avionik ausgestattet. Das Cockpit bestimmen zwei große farbige Multifunktionsbildschirme MFI-35, ergänzt um ein digitales Steuer- und Anzeigefeld sowie ein Weitwinkel-Head-Up-Display. Eine leistungsstarke

Jagdflugzeug Suchoi Su-27

Komponente stellt das "Irbis-E"-Radar mit einer passiv gesteuerten Phasenantenne dar. Mit diesem Gerät können zur gleichen Zeit bis zu 30 Luftziele erkannt und verfolgt sowie acht davon angegriffen werden. Auch ist es möglich bis zu vier sich bewegende Ziele am Boden zu verfolgen und zwei davon zu attackieren. Luftziele können mit diesem Radar auf eine Entfernung von 350-400 km erkannt werden, Panzergruppierungen auf 60-70 km. Das Waffenkontrollsystem wird durch den OLS-35-Sensor ergänzt, der aus Infrarot- und Lasersucher sowie einer TV-Kamera besteht.

Die GSch-301 wurde als 30-mm-Bordkanone und mit 150 Granaten Munitionsvorrat beibehalten, an zehn externen Stationen erfolgt die Mitnahme von Abwurfwaffen bis zu einem Gewicht von 8000 kg. Zwei weitere Aufhängepunkte können mit Behältern zur Aufklärung bzw. elektronischen Kampfführung bestückt werden. Die Bewaffnung umfasst gelenkte Luft-Luft-Raketen mit kurzer, mittlerer und großer Reichweite sowie verschiedenen Waffen zur Bekämpfung von Boden- und Seezielen. Dazu gehören schwere Langstrecken Raketen der Kaliber- und Jachont-Serie, des Weiteren Abschussbehälter mit ungelenkten Raketen sowie TV- und satellitengelenkte Bomben wie KAB-500Kr und KAB-500S-E. Acht dieser 500 kg schweren Bomben sind eine Bewaffnungsvariante, die Mitnahme von gelenkten 1500-kg-Bomben eine weitere.

Nach Ansicht vieler Experten ist die Su-35S ein äußerst effektives Flugzeug, dass mit seinen Eigenschaften vielen westlichen Jägern der vierten Generation nicht nachsteht. Mit der Einführung der Su-35S bei den russischen Frontfliegerkräften dürften die Aufgaben der Einsatzregimenter bis zur Indienststellung eines neuen fortschrittlichen Typs (PAK FA) effektiv zu erfüllen sein.

Das Hauptelement des PAK FA-Komplexes stellt das Mehrzweckkampfflugzeug T-50, die heutige Su-57 dar. Vorstudien dazu begannen im OKB Suchoi ab 1999. Folgende grundlegende Parameter wurden für das zu entwickelnde Flugzeug festgelegt:

- Multifunktionalität mit der Fähigkeit, bei jedem Wetter, Tag und Nacht, sowohl Luft- als auch Bodenziele zu treffen;
- Super-Manövrierfähigkeit - die Fähigkeit, einen kontrollierten Flug bei niedrigen Geschwindigkeiten und hohen Anstellwinkeln durchzuführen;
- Geringe Sichtbarkeit im optischen, Infrarot- und Radarwellenbereich durch den Gegner;
- Möglichkeit zum Landen und Starten auf verkürzten Start- und Landebahnen.

Die Montage der ersten Prototypen des Flugzeugs begann im Dezember 2007 im Herstellerwerk in Komsomolsk-am-Amur. Der erste Prototyp T-50-1 wurde am 29. Januar 2010 eingeflogen. Laut den Ankündigungen des Oberbefehlshabers der russischen Luft- und Raumstreitkräfte W.N. Bondarew vom 23. Januar 2016 sollte die Serienproduktion im kommenden Jahr aufgenommen werden, doch verzögerten technische Probleme die Fertigstellung des ersten Exemplars auf 2019 und die offizielle Übergabe an die Streitkräfte auf Dezember 2020

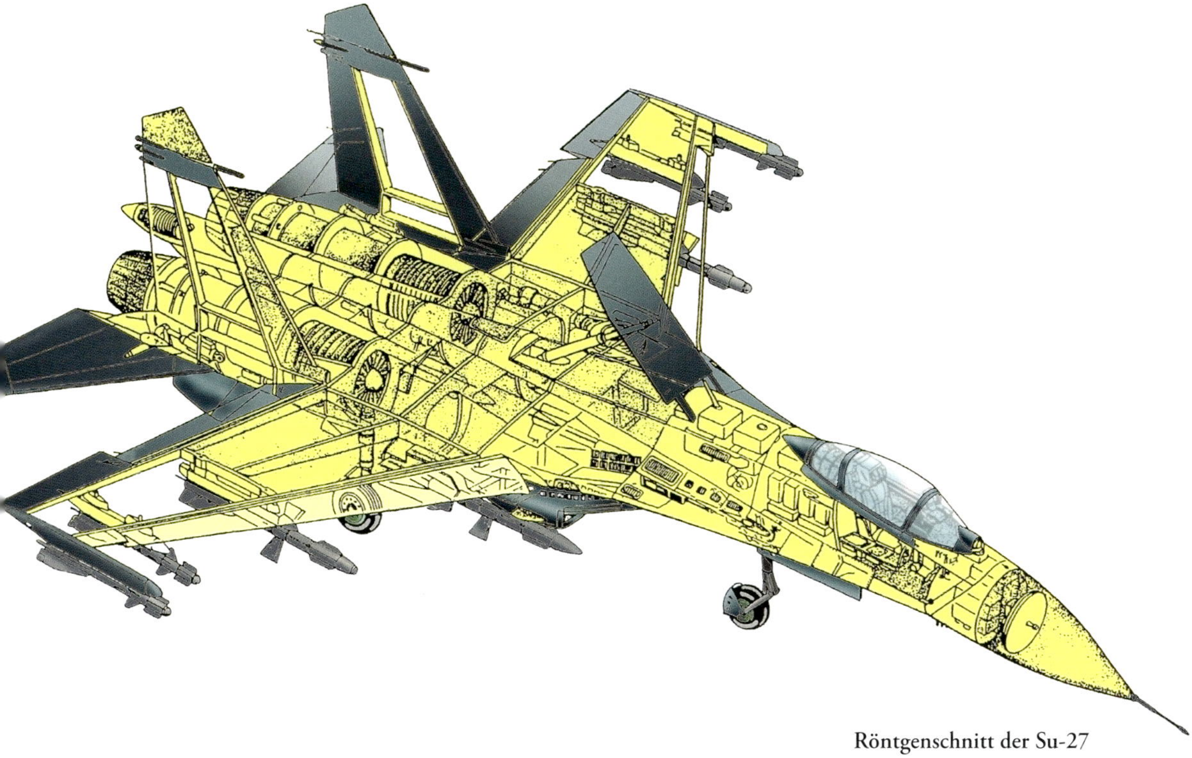

Röntgenschnitt der Su-27

Suchoi PAK FA aka Su-57

Die Su-57 ist ein zweistrahliges Flugzeug, dass auf einer integralen Struktur mit nahtlosem Übergang von Rumpf und Tragflügel basiert. Das großflächige Tragwerk ist deltaartig ausgelegt, die Pfeilung beträgt an der Vorderkante 48 Grad, hinten sind -14 Grad. Für erhöhte Anstellwinkel sind an der Wurzel bewegliche Vorderkantenklappen installiert. Zwei voll bewegliche Seitenflossen werden automatisch ausgelenkt, um die Richtungsstabilität zu gewährleisten und stellen zusammen mit den Höhenrudern das Leitwerk dar. Auf der rechten Seite der Rumpfnase befindet sich eine Schnellfeuerkanone, auf der linken Seite ist die Nachtankvorrichtung untergebracht. Ein Heckausleger nimmt im hinteren Rumpf einen Behälter mit Bremsschirm auf. Alle drei

Die Su-57, hier ein T-50-Prototyp, verfügt über eine schmale Silhouette um auch gewisse Anforderungen eines „Tarnkappenflugzeugs“ zu erfüllen. (Foto: OAK)

Baugruppen des Fahrwerks werden in Flugrichtung eingefahren, durch den breiten Rumpf beträgt die Spurweite 5,50 m und gewährleistet somit eine hohe Stabilität des Flugzeugs beim Rollen auf der Start- und Landebahn. Die Hauptfahrwerksbeine sind jeweils einfach bereift, das Bugrad verfügt über zwei Räder, zwei Landescheinwerfer sowie über einen Schmutzfänger. Das Gewicht der Flugzeugzelle wurde durch die weit verbreitete Verwendung von Verbundwerkstoffen reduziert, die hier etwa 25 % des Strukturgewichts ausmachen.

Die ersten Maschinen sind mit einer bündigen Kabinenhaube ausgestattet, ab 2009 wurde im Rahmen des Aschug-Programms an einer modifizierten, noch stromliniengünstigeren gearbeitet. Bei der Konstruktion der Su-57 wurde von Beginn an Wert auf eine geringe Radarsignatur mit „Tarnkappeneigenschaften" gelegt und dabei folgende technische Lösungen umgesetzt:

- die Kanten des Flügels und anderer Flugwerkselemente sind in mehrere streng begrenzte Richtungen ausgerichtet und die Oberflächen sind in einem genau definierten Winkelbereich geneigt;
- das Design der Flugzeugzelle schließt die relative Positionierung von Oberflächen in einem Winkel von 90° aus, um das Auftreten von Reflektionen zu vermeiden;
- der größte Teil der Bewaffnung befindet sich in den internen Rumpfschächten.

Als Antrieb werden vorläufig zwei AL-41F-1 ("Erzeugnis 117") mit jeweils 147,2 kN Nachbrennerschub sowie einer Lebensdauer von 4000 h verwendet. Künftige Serienmaschinen sollen neue, bislang als "Erzeugnis 30" bezeichnete Aggregate erhalten, die über annähernd 180 kN Nachbrennerleistung, eine höhere Effizienz und weniger Wartungsaufwand verfügen. Mit den aktuell genutzten Triebwerken soll

Mehrzweckkampfflugzeug Suchoi Su-57

Die Erprobung der T-50-Versuchsmaschinen lief nicht ohne Komplikationen und Zeitverzögerungen ab, zehn fliegende Prototypen waren in die Tests eingespannt. (Foto: OAK)

die Su-57 mehr als zweifache Schallgeschwindigkeit sowie eine Gipfelhöhe von 20.000 m erreichen. Ohne Nachtanken in der Luft kommt sie auf 3500 km Reichweite, mit Betankung sollen 5500 km möglich sein.

Die Avionik des Kampfflugzeugs baut auf das sogenannte Smart-Skin-Konzept. Neben dem Hauptradar mit einer aktiven phasengesteuerten Antenne gibt es eine Reihe aktiver und passiver Radar- und optischer Ortungsgeräte, die sich über die gesamte Oberfläche des Flugzeuges verteilen. Das in der Bugnase untergebrachte Radar ist Teil des multifunktionalen funkelektronischen Feuerleitsystems Sh-121 und ermöglicht die Ortung größerer Luftziele in bis zu 400 km Entfernung. Dabei soll die Verfolgung von bis zu 60 Zielen sowie die Bekämpfung von 16 davon möglich sein. Die Avionik bietet zudem die Möglichkeit, Informationen für den Kampfeinsatz zu sammeln und mit anderen Flugzeugen auszutauschen, gleichfalls mit bodengestützten Gefechtsständen und Aufklärungssystemen, Flugzeugverbänden und Einheiten der Marine und der Bodentruppen zu interagieren. Andere Systeme dienen der Navigation, der elektronischen Kampfführung oder der Warnung vor der Erfassung durch feindliche Radare, Laser und Raketen.

Im Cockpit der Su-57 wurden moderne Anzeigegeräte mit multifunktionalen Bildschirmen und ein Weitwinkel-Head-Up-Display installiert, die von den Funktionen des Helmvisiers unterstützt werden können.

Zur Bewaffnung zählen neben der fest eingebauten Kanone eine Vielzahl von Raketen- und Bombentypen, auch moderne und noch in der Erprobung befindliche Systeme. Zwei große hintereinander liegende Schächte sowie zwei kleinere Kammern können intern Bewaffnung aufnehmen, sechs Aufhängepunkte können für weitere Waffen montiert werden, wenn Tarnkappeneigenschaften während eines Einsatzes nicht im Vordergrund stehen. Hier stellt die Mitnahme von Marschflugkörpern und von Freifallbomben bis zu einem Kaliber von 500 kg kein Problem dar.

Experten zufolge ist die Su-57 ein guter Kompromiss zwischen hoher Flugleistung und Tarnung sowie in Kombination mit neuesten Zielerfassungs- und Waffensystemen fähig, eine Luftüberlegenheit gegenüber allen derzeit existierenden Flugzeugen zu erreichen.

Die Su-57 gehört zu den Jägern der fünften Generation, die sich durch eine dramatische Abnahme der Sichtbarkeit des Flugzeugs im Radar- und Infrarotbereich, durch Multifunktionalität, das Vorhandensein einer Datenvernetzung, Flug mit Überschallgeschwindigkeit ohne eingeschalteten Nachbrenner usw. auszeichnen

Russland will die Produktion von Kampfflugzeugen der fünften Generation erhöhen, ab 2022 sollten jährlich zwölf Su-57 produziert werden. Laut einem 2019 unterzeichneten Vertrag ist in den kommenden Jahren die Auslieferung von 76 derartigen Flugzeugen an das russische Militär geplant.

Gleichzeitig gelten die MiG-29 und die Su-27 als Kampfflugzeuge der vierten Generation. Flugzeuge dieser Generation zeichnen sich durch eine instabile aerodynamische Konfiguration, das Vorhandensein von zwei Strahltriebwerken, einer verbesserten Avionik und ein Fly-by-Wire-Steuerungssystem aus.

Die auf der Basis der MiG-29 und Su-27 entwickelten Jagdflugzeuge MiG-35 und Su-35 weisen einige Merkmale der Flugzeuge der 5. Generation auf (mit Ausnahme der Tarnung). Sie können als Generation 4+ oder 4++ klassifiziert werden. Die MiG-31, das Haupteinsatzmuster der Jagdfliegerregimenter der Luftverteidigung, gehört ebenfalls zu den Jägern der vierten Generation. Das Flugzeug ist in der Lage, Luftziele in extrem niedriger, geringer, mittlerer und großer Höhe Tag und Nacht sowie unter einfachen und schwierigen meteorologischen Bedingungen abzufangen und zu zerstören.

Eine Art Anreiz für die Entwicklung der MiG-31 war bereits die Einführung strategischer, in geringer Höhe fliegender Marschflugkörper durch die US-Luftwaffe ab Ende der 1950er Jahre. Der im nachfolgenden Jahrzehnt entstandene schwere sowjetische Abfangjäger MiG-25 ermöglichte zwar ein zuverlässiges Abfangen von Hochgeschwindigkeitszielen in großer Höhe, aber die Fähigkeit, mit Marschflugkörpern in geringer Höhe fertig zu werden, war gering.

Im Konstruktionsbüro MiG begannen Mitte der 1960er Jahre Vorstudien mit dem Ziel, einen schweren Abfangjäger zu entwickeln, der Ziele vor dem Erdhintergrund im Höhenbereich zwischen 100 m und 30 km erkennen und treffen kann. Diese Arbeit fand durch die Führung der UdSSR ihre Unterstützung. Darüber hinaus sah das am 24. Mai 1968 angenommene Dekret des Ministerrats der UdSSR vor, neben dem Abfangjäger E-155MP auch den Frontaufklärungsbomber E-155MRB und das strategische Aufklärungsflugzeug E-155MR zu entwickeln. Umfangreiche Konzeptarbeiten des Abfangjägers E-155MP begannen im Jahr 1972. Die MiG-25 wurde als Prototyp verwendet, daher lautete die ursprüngliche Bezeichnung des neuen Flugzeugs MiG-25MP ("Erzeugnis 83"). Der Erstflug des Prototyps fand schließlich am 16. September 1975 statt, die Serienproduktion des nunmehr MiG-31 genannten Flugzeugs wurde 1977 in einem Herstellerwerk in der Stadt Gorki (heute Nischni Nowgorod) aufgenommen.

Die Su-57 verfügt über eine herausragende Wendigkeit und weitere vielversprechende Eigenschaften, aktuell ist der Bau von 76 Flugzeugen für die russischen Luftstreitkräfte vorgesehen.

Mikojan-Gurewitsch MiG-31

Das erste Serienlos bestand nur aus zwei Flugzeugen. Die zweite und dritte Serie umfasste insgesamt neun Maschinen, die alle für weitere Erprobungen bestimmt waren. Insgesamt wurden 553 MiG-31 bis zum Ende der Serienproduktion im Jahr 1994 in verschiedenen Modifikationen gebaut. Die Luftverteidigung der UdSSR übernahm das Flugzeug 1981 in ihren Bestand. Zu diesem Zeitpunkt waren bereits das 786. Jagdfliegerregiment auf dem Flugplatz Prawdinsk und das 148. Ausbildungszentrum der Luftverteidigung in Sawostleika mit Flugzeugen dieses Typs ausgerüstet.

Das Layout der MiG-31 ähnelt in vielerlei Hinsicht dem Vorläufer - der MiG-25. Es handelt sich wiederum um einen zweistrahligen Hochdecker mit doppeltem Seitenleitwerk. Der mächtige Rumpf kann in seiner Auslegung in bestimmten Flugmodi bis zu 25% des Auftriebs erzeugen. Der neue Flügel hat kurze vorgezogene Wurzeln, die Höhenruder sind als voll bewegliche Pendelruder ausgelegt und unter dem Rumpfheck gibt es zusätzliche Kielflossen zur Erhöhung der Richtungsstabilität. Aufgrund der hohen Erwärmung der Flugzeughaut während des Fluges mit hoher Überschallgeschwindigkeit besteht die Zellenstruktur hauptsächlich aus hitzebeständigen Stählen und Titanlegierungen. Der Anteil traditioneller Aluminiumlegierungen beträgt dagegen nur 33%. Das Fahrwerk der MiG-31 besteht aus drei Baugruppen, alle zweifach bereift. Zwischen den Hauptfahrwerken befinden sich die Bremsklappen, für eine weitere Verkürzung der Landestrecke dienen zwei in einem Container untergebrachte Bremsschirme. Vor der Druckkabine der zweiköpfigen Besatzung, die aus Pilot und Waffensystemoffizier besteht, wurde das Feuerleitsystem „Zaslon" samt Puls-Doppler-Radar mit einem stattlichen Durchmesser von 1,1 m installiert. Dieses Radar bietet die Möglichkeit, Luftziele in einer Entfernung von bis zu 200 km zu erkennen, die Zielverfolgung von Flugzeugen der Klasse "strategischer Bomber" kann ab 120 km und von Flugzeugen der Klasse "Jagdflugzeug" ab 90 km erfolgen. Die MiG-31 eignet sich auch zur Bekämpfung von Marschflugkörpern, da sich mit dem Radar auch kleine Ziele vor dem Erdhintergrund erkennen lassen. Insgesamt können zehn Ziele zugleich verfolgt und vier davon bekämpft werden. Hilfestellung gibt ein ausfahrbarer, halbversenkt unter dem Rumpf montierter Infrarotsensor. Zur Avionik des Flugzeugs zählen weiterhin eine moderne Navigationsanlage, ein digitales Kommunikationssystem, Head-Up-Display und Multifunktionsanzeigen.

In zahlreichen Übungen wurden Taktiken von aus vier MiG-31 bestehenden Gruppen ausgearbeitet und demonstriert, die durch geschlossene Kommunikationskanäle miteinander verbunden waren, Informationen austauschten und nachfolgend

Jagdflugzeug Mikojan-Gurewitsch MiG-31

Dreiseitenansicht der MiG-31

einzelne Flugzeuge bekämpften. Hierbei ermöglicht eine Gruppe aus vier MiG-31 gewaltige Lufträume auf einer Breite von bis zu 1000 km zu kontrollieren. Auch kann die MiG-31 als Führungsflugzeug eingesetzt werden und die Aktionen von Abfangjägern mit weniger leistungsfähiger elektronischer Ausrüstung koordinieren.

Angetrieben wird die MiG-31 von zwei extrem leistungsstarken und hocheffizienten Mantelstromtriebwerken Solowjow D-30F-6, die mit Nachbrenner einen Schub von jeweils 152,1 kN entwickeln. Der Kraftstoffvorrat in den internen Kraftstoffbehältern beträgt 16.350 Liter, Zusatztanks mit einem Gesamtvolumen von 4000 Litern können extern mitgeführt werden. Zusätzlich wurden spätere MiG-31-Modifikationen mit einer Nachtankvorrichtung ausgestattet. In großer Höhe kann das Flugzeug eine Maximalgeschwindigkeit von 3000 km/h erreichen, während es in geringer Höhe 1500 km/h sind. Die Dienstgipfelhöhe beträgt 20.600 m, die praktische Reichweite ohne Außenbordtanks 2400 und mit 3300 km.

Um kleine Ziele abzufangen, ist das Flugzeug mit einer eingebauten sechsläufigen 23-mm-Kanone GSch-6-23 (260 Schuss Munition, Feuerrate 8000 Schuss/min) bewaffnet. Die Kanone ist unter dem Rumpf installiert und bei einer Nichtverwendung mit einer Klappe abgedeckt. Die Hauptbewaffnung besteht aus Langstrecken-Luft-Luft-Raketen. Normalerweise sind vier Raketen in einer halbversenkten Position unter dem Rumpf befestigt und zwei an Pylonen unter den Tragflügeln. Dies können Raketen der Typen R-33, R-37, R-40, R-60 und R-73 sein.

Folgende weiterentwickelte Versionen sind entstanden:

- MiG-31B, BS, BM, BSM, DZ – Serien- und modernisierte Flugzeuge mit Luftbetankungssystem;
- MiG-31D – zwei Exemplare zur Satellitenbekämpfung mit entsprechenden Raketen;
- MiG-31M – Abfangjägerversion mit modernisierter Avionik, Triebwerken und Waffen (sieben Exemplare);
- MiG-31E und FE – entwickelte Exportvarianten als Langstrecken-Abfangjäger (nicht gebaut)
- MiG-31K – Träger der Kinschal-Hyperschallwaffe

Seit einigen Jahren modernisiert das Flugzeugwerk in Nischni Nowgorod (vormals Gorki) im Rahmen von Verträgen mit dem Verteidigungsministerium der Russischen Föderation die vorhandenen

Als Abfangjäger ist die MiG-31 mit einem leistungsstarken Radar in der Rumpfspitze ausgestattet. (Foto: Russian MOD)

Weit über 100 MiG-31 verrichten derzeit ihren Dienst in den russischen Luftstreitkräften, diese modernisierte MiG-31BM hat zur Landung ihre Bremsklappen deutlich sichtbar ausgefahren.

MiG-31B-Abfangjäger auf den Standard MiG-31BM und BSM. Nach der Modernisierung verfügt das Flugzeug über erweiterte Funktionen und Fähigkeiten zum Abfangen von Luftzielen und ist in der Lage, der modernsten militärischen Ausrüstung eines potenziellen Gegners standzuhalten. Die Erfassungsreichweite des Radars hat sich im Vergleich zu den früheren Baureihen der MiG-31 fast verdoppelt. Die Maschine erhielt auch verbesserte Fähigkeiten, um sowohl unauffällige Ziele als auch Marschflugkörper und Hyperschallflugzeuge zu bekämpfen. Gleichzeitig beträgt die Lebensdauer der MiG-31BM 40-45

Diese MiG-31K ist unter dem Rumpf mit einer hyperschallschnellen Luft-Boden-Rakete des Typs „Kinschal" bewaffnet.

Das Foto zeigt eine ältere R-40-Lenkrakete sowie die interessante Auslegung der seitlich versetzten Räder des Hauptfahrwerks einer MiG-31.

Jahre und kann auf bis zu 50 Jahre ausgedehnt werden.

Ein wichtiger Faktor zur Erhöhung der Kampffähigkeit der russischen Luftstreitkräfte war die Einführung eines Trainingskomplexes auf Basis des Kampftrainers Jak-130. Neben dem Flugzeug umfasst der Komplex ein objektives Kontrollsystem, die Schulung an Computern, Flug- und Spezialsimulatoren.

Die Entwicklung der Jak-130 ist darauf zurückzuführen, dass das bisherige Standardschulflugzeug L-39 Albatros mit der Indienststellung von Jägern der dritten und vierten Generation keine qualitativ hochwertige Ausbildung junger Piloten für Flüge mit diesen Flugzeugen ermöglichte. Es wurde notwendig, die Ausbildung von Piloten in Kampfverbänden abzuschließen sowie spezielle Trainingsversionen von Kampfflugzeugen zu erwerben, was die Kosten der Ausbildung natürlich erheblich erhöhte.

Die Jak-130 wurde vom OKB Jakowlew im Rahmen eines Ende der 1980er Jahre vom Verteidigungsministerium der UdSSR initiierten Wettbewerbs zur Schaffung eines neuen Trainingsflugzeugs vorgeschlagen. Im Jahr 2002 stimmte das Kommando der russischen Luftstreitkräfte für die Jak-130, die somit als Sieger des Wettbewerbs hervorging. Die Serienproduktion des Flugzeugs wurde auf einer eigens dafür gebauten modernen Montagelinie im Irkutsker Flugzeugwerk organisiert.

Jakowlew Jak-130

Klassisch gesehen ein zweistrahliger Mitteldecker, weist die Jak-130 einige konstruktive Raffinessen auf. Ein deltaartiger Pfeilflügel mit Hochauftriebshilfen, mit Sägezahnvorderkante und langgestreckten Flügelwurzeln, ein voll bewegliches Höhenruder und ebenfalls mit Sägezähnen oder die Lage der Lufteinlässe samt Triebwerk ermöglichen eine ausgezeichnete Manövrierfähigkeit mit hohen Anstellwinkeln. Das ist besonders wichtig, um das volle Potenzial der Agilität moderner Kampfflugzeuge nachahmen zu können. Damit werden der Übergang auf diese erleichtert und letztendlich auch Kosten bei der Ausbildung gespart. Die im Flugzeug verwendeten Triebwerke AI-225-25 entwickeln einen Schub von jeweils 24,5 kN, bei Bedarf können in Exportmaschinen aber andere Triebwerke, auch ausländischen Ursprungs, eingebaut werden. Mit dem Standardantrieb kann die Jak-130 bis zu 1050 km/h schnell fliegen, die Dienstgipfelhöhe beträgt 12.500 m und die praktische Reichweite liegt bei 2000 km. Von Vorteil ist die Ausrüstung mit einem Fly-by-wire-System, dass das Fliegen zahlreicher Manöver ermöglicht und auch unter schwierigen Lagen eine ausreichnende Stabilität garantiert. Ein mit offener Architektur entworfener Avionikkomplex umfasst zwei digitale Computer, in der Kabine gehören für beide Besatzungsmitglieder je drei Multifunktionsbildschirme und im vorderen noch ein Head-Up-Display dazu. Zur Navigation können Geräte auf Basis von Lasergyroskopen und GLONASS/NAVSTAR-Satellitenempfänger genutzt werden. Optional wird auch die Einrüstung eines Bordradars angeboten. Auch das Waffenkontrollsystem ist modular aufgebaut und erlaubt verschiedene Kombinationen. Insbesondere für den Einsatz von Luft-Boden-Waffen gibt es verschiedene Möglichkeiten und machen die Jak-130 zu einem leichten Jagdbomben/Angriffsflugzeug. Hierfür stehen neun externe Aufhängepunkte zur Verfügung, sechs unter dem Tragwerk, zwei an den Flügelenden und einer unter dem Rumpf. Luft-Luft- und Luft-Boden-Raketen, 250- und 500-kg-Bomben, Streubomben sowie Abschussbehälter für ungelenk-

Jak-130 in der Frontalansicht. An neun externen Stationen können Zusatztanks, Aufklärungsbehälter und Waffen mitgeführt werden. (Foto: OAK)

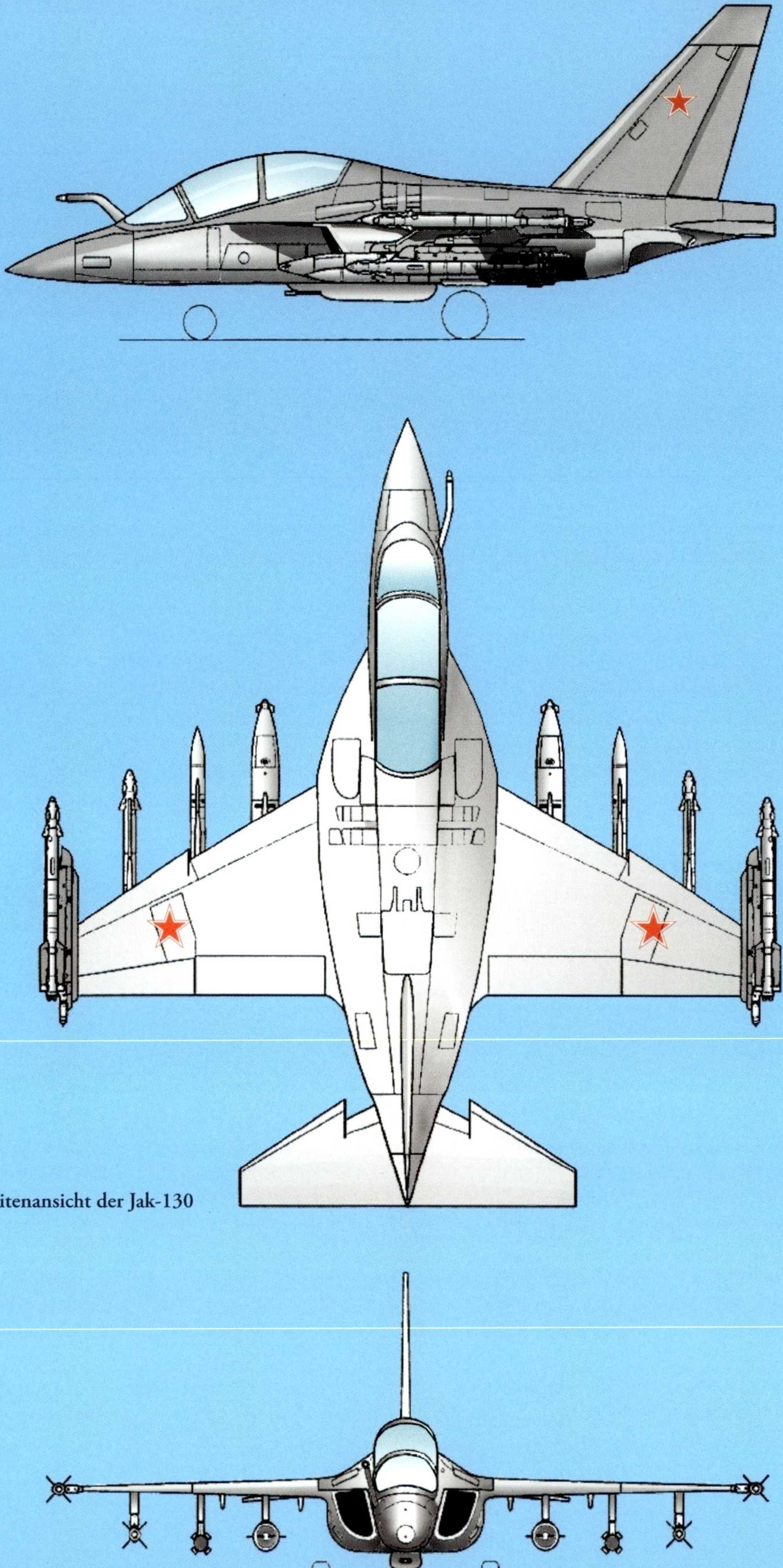

Dreiseitenansicht der Jak-130

Prototyp der Jak-130 während eines Testflugs. (Foto: OAK)

te Raketen können bis zu einem Gewicht von 3000 kg mitgeführt und eingesetzt werden.

Die Jak-130 eignet sich zur Vermittlung von 80% der laut Pilotenausbildungsprogramm benötigten Fähigkeiten von Kampfflugzeugen der Generation 4++ und 5. Das reduziert die Anzahl der notwendigen Typen zur Ausbildung, außerdem den Zeitaufwand für die Umschulung von Piloten und vereinfacht den Prozess zur Erlangung einer Kampfqualifikation. Auf Basis des Jak-130-Trainers sind Weiterentwicklungen als Jagdbomber, Aufklärungsflugzeug, Störflugzeug zur elektronischen Kampfführung sowie einer Marineversion als bordgestütztes Übungsflugzeug möglich, wobei eine Vereinheitlichung der Systeme von bis zu 90% angestrebt wird.

Die Effektivität von Kampfhandlungen der Bomben-, Jagdbomben- und Jagdflugzeuge hängt maßgeblich von der Menge und Qualität der Informationen über den Feind ab, die von Aufklärungsflugzeugen gesammelt und übermittelt werden. Die Aufklärungseinheiten der russischen Luftstreitkräfte sind für die Luftbildaufklärung des Gegners, des Geländes und des Wetters zuständig. Derartige Flugzeuge führen in der Regel optische und opto-elektronische Aufklärung, die Signal- und Fernmeldeaufklärung oder die Aufklärung zu radioaktiven und magnetischen Auffälligkeiten durch. Entsprechende Systeme werden von Flugzeugen wie der Iljuschin Il-20 und der Suchoi Su-24MR verwendet.

Die Il-20 kann als strategisches und operativ-taktisches Aufklärungsflugzeug klassifiziert werden. Es ist für elektronische und Luftbildaufklärung sowie zur Überwachung des Funkverkehrs bei Flügen entlang der Landesgrenzen konzipiert. Die Su-24MR ist dagegen ein taktisches Aufklärungsflugzeug, dass bei Tag und Nacht und bei jedem Wetter Einsätze bis zu 400 km hinter der Frontlinie absolvieren kann. Zur Ausrüstung der Su-24MR gehören eine Vielzahl von Systemen:

- Seitensichtradar „Schtyk"
- Panorama-Luftbildkamera AP-402M
- Kameras A-100 und AP-102
- Infrarot-Aufklärungsgeräte „Sima"

Die Kabine bietet Flugschüler und Fluglehrer eine ausgezeichnete Sicht. (Foto: Russian MOD)

Außerdem können in Behälterform der „Efir-1M" zur Strahlungsaufklärung sowie „Schpil-2M" zur Laseraufklärung extern mitgeführt werden.

Angehängte Aufklärungsbehälter können auch von anderen Einsatzflugzeugen zu Aufklärungszwecken genutzt werden wie etwa der kompakte Wikon-Container an der Jak-130. Mit diesem lässt sich die Allwetteraufklärung aus großen und geringen Flughöhen im infraroten sowie opto-elektronischen Bereich durchführen. In diesem Fall können die gewonnenen Informationen in Echtzeit aufgezeichnet oder auf dem Display im Cockpit angezeigt werden.

Die militärische Transportluftfahrt der Luftstreitkräfte der Russischen Föderation übernimmt die Aufgaben des Transports von Truppen, militärischer Ausrüstung, Waffen, Munition, Treibstoff, Nahrung, die Landung von Truppen, die Evakuierung von Verwundeten und Kranken usw.

Organisatorisch wird sie durch das Kommando der Militärischen Transportluftfahrt vertreten .
Nach der 2013 vom Generalstab der Streitkräfte der Russischen Föderation genehmigten Struktur ist die militärische Transportluftfahrt mit Flugzeugen von vier Kategorien ausgerüstet:

- leichte militärische Transportflugzeuge (Nutzlast 6 Tonnen), derzeit mit An-26;
- mittlere militärische Transportflugzeuge (Nutzlast 20 Tonnen), derzeit mit An-12;
- schwere militärische Transportflugzeuge (Nutzlast 60 Tonnen), derzeit mit Il-76;
- superschwere militärische Transportflugzeuge (Nutzlast ist nicht genau definiert), derzeit mit An-22 und An-124.

Die Il-76 ist das wichtigste militärische Transportflugzeug der russischen Luftstreitkräfte. Der Prototyp dieses Flugzeugs wurde am 25. März 1971 zum ersten Mal geflogen und danach die Serienproduktion vom Herstellerwerk in Taschkent bewerkstelligt. In annähernd 35 Jahren Produktionszeit wurden rund 1000 Maschinen dieses Typs gebaut.

Inzwischen läuft der Einsatzbetrieb mit der Jak-130 routiniert ab und sie erleichtert den Kadetten den Übergang auf moderne Kampfflugzeuge. (Foto: OAK)

Trainingsflugzeug Jakowlew Jak-130

Iljuschin Il-76

Der Rumpf der Il-76 wurde für den Transport von sperriger Fracht und Ausrüstung ausgelegt und besteht aus drei geschlossenen, voneinander unabhängigen Räumen: Cockpit, Fracht- sowie die Achterkabine.

Das Cockpit verfügt über zwei Decks. Auf dem Oberdeck befinden sich die Arbeitsplätze der Piloten, auf dem Unterdeck ist der Navigator hinter einer Verglasung untergebracht. Der geschlossene Frachtraum hat eine Länge von 24,5 m (ohne Rampe - 20,0 m), eine Breite von 3,45 m und eine Höhe von 3,40 m. Hier finden 126 Fallschirmjäger oder bis zu 140 Soldaten mit ihrer Ausrüstung Platz. Flugzeuge der Modifikationen Il-76M und Il-76MD können bis zu 225 Fallschirmjäger an Bord nehmen. Der Frachtraum ist mit zwei an der Vorderwand installierten Lastwinden mit vier elektrischen Hebezeugen (zwei auf jeder Seite, die hinteren Hebezeuge können 5 m über die Rampenschwelle hinausbewegt werden) und vier Deckenlaufkatzen ausgestattet. Am Ende der Frachtkabine befindet sich eine Ladeluke, ein System bestehend aus einem Druckschott, einer Rampe und drei Türen - der mittleren und den zwei seitlichen. Beim Öffnen der Ladeluke fährt die Rampe nach unten und nimmt eine horizontale Position ein, die mittlere Tür hebt sich und die Seitentüren öffnen sich nach außen. Fallschirmjäger werden in zwei Strömen durch die Ladeluke sowie durch zwei Türen an den Seiten des Rumpfes abgesetzt. Die Tragflügel sind in Schulterdeckerbauweise angeordnet, verfügen über Spoiler auf der Oberseite sowie Spaltklappen an der Hinterkante. Am Tragwerk sind auch die vier Strahltriebwerke befestigt, wobei bei den ersten Serien vier D-30KP von Solowjow mit

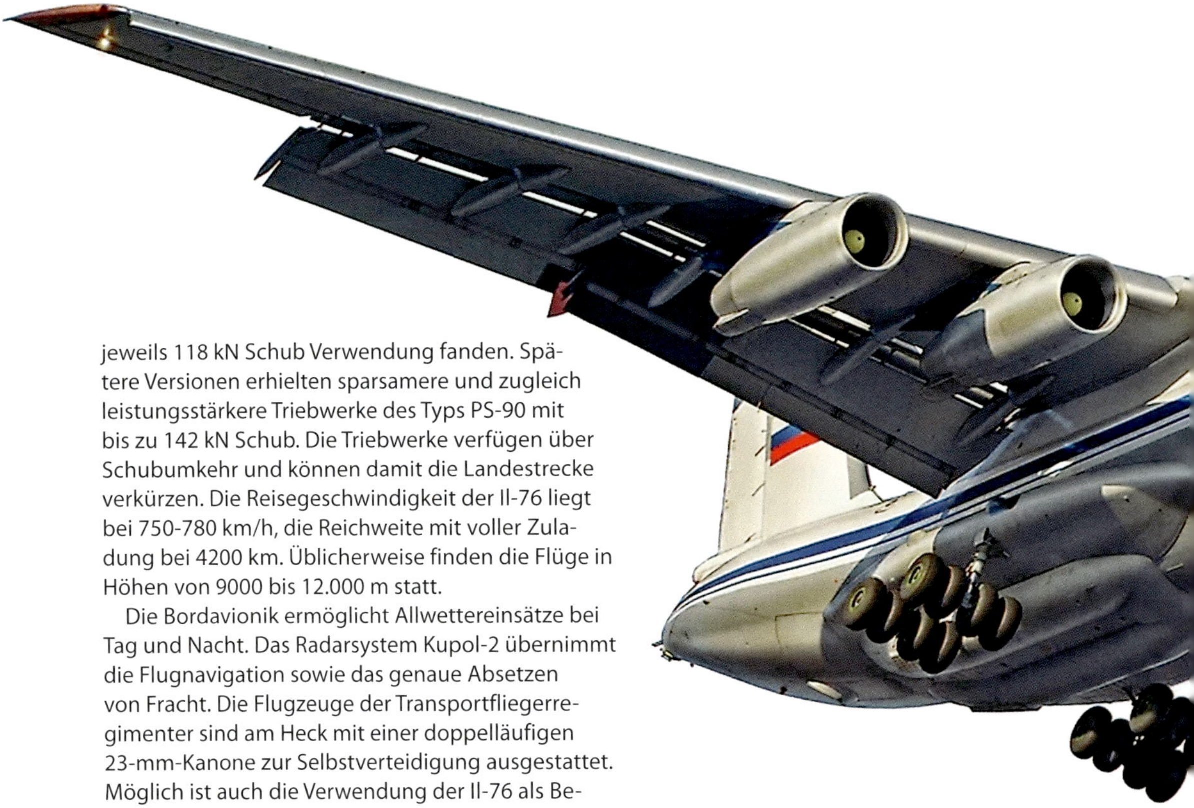

jeweils 118 kN Schub Verwendung fanden. Spätere Versionen erhielten sparsamere und zugleich leistungsstärkere Triebwerke des Typs PS-90 mit bis zu 142 kN Schub. Die Triebwerke verfügen über Schubumkehr und können damit die Landestrecke verkürzen. Die Reisegeschwindigkeit der Il-76 liegt bei 750-780 km/h, die Reichweite mit voller Zuladung bei 4200 km. Üblicherweise finden die Flüge in Höhen von 9000 bis 12.000 m statt.

Die Bordavionik ermöglicht Allwettereinsätze bei Tag und Nacht. Das Radarsystem Kupol-2 übernimmt die Flugnavigation sowie das genaue Absetzen von Fracht. Die Flugzeuge der Transportfliegerregimenter sind am Heck mit einer doppelläufigen 23-mm-Kanone zur Selbstverteidigung ausgestattet. Möglich ist auch die Verwendung der Il-76 als Behelfsbomber, wobei es zur Mitnahme von Freifallbomben oder von Containern mit elektronischen Störgeräten zwei Aufhängepunkte an den äußeren Flügelsektionen gibt. Im Laderaum können etwa 20 Tonnen Bomben aufgenommen werden. Sie werden über spezielle Führungsschienen über die offene Laderampe abgeworfen. Das können Freifallbomben verschiedener Kaliber sein, in Afghanistan wurde sogar das Abwerfen großer Kaliber mit einem Gewicht von bis zu zehn Tonnen erprobt.

Die Produktion der Il-76 wurde im Jahr 2010 an das Unternehmen "Aviastar-SP" in Uljanowsk übertragen. Hier werden Flugzeuge der neuesten Modifikation Il-76MD-90A montiert. Diese Variante verfügt über einen vergrößerten Frachtraum und neue Triebwerke PS-90A-76, die einen Schub von je 142,2 kN entwickeln. Die maximale Nutzlast wurde von 40 auf 60 Tonnen erhöht, wodurch die Il-76MD-90A zu den militärischen Transportflugzeugen der schweren Klasse zählt. Die Avionik wurde radikal modernisiert und basiert auf dem digitalen Flug- und Navigationskomplex Kupol-III-76M mit Bildschirmanzeigen. Es korrigiert die Positionsdaten des Flugzeugs, steuert den Anflug und bewertet die meteorologische Situation oder gibt der Crew Empfehlungen zur Optimierung des Einsatzes. Der Komplex warnt auch vor Flugzeugen, die auf engem oder frontalem Kurs zufliegen und optimiert die Genauigkeit beim Absetzen von Fracht mit Fallschirmsystemen. Zur Bordelektronik gehören auch Kommunikationsanlagen, ein automatisches Kontrollsystem SAU-76 sowie andere Geräte. Das Flugzeug ist für 30 Jahre (30.000 Flugstunden und 10.000 Landungen) ausgelegt.

Aus dem Transporter Il-76 wurde das Tankflugzeug Il-78 abgeleitet, hier im Bild. (Foto: Russian MOD)

Die russischen Luftstreitkräfte verfügen noch über einige schwere Transportflugzeuge des Typs An-22. Der erste Prototyp dieses Schwergewichts hob am 27. Februar 1965 zu seinem Erstflug ab, im Zeitraum von November 1965 bis Januar 1976 wurden in Taschkent 66 Maschinen dieses Typs hergestellt.

Charakteristisch für dieses Flugzeug war ein für die damalige Zeit ungewöhnlich breiter Rumpf, in dessen Frachtraum 290 Soldaten oder 150 Fallschirmspringer Platz finden. Die An-22 kann zum anderen bis zu vier schwere Einsatzgeräte wie Selbstfahrlafetten oder Schützenpanzer transportieren, wobei die maximale Nutzlast bis zu 80.000 kg betragen kann.

Transportflugzeug Iljuschin Il-76

Die Il-76MD-90A verfügt mit 55 bis 60 Tonnen über eine höhere Nutzlast als die früheren Versionen des Transporters. (Foto: Rosoboronexport)

Antonow An-124

Neuer als die An-22 ist die An-124 als Schwerlasttransporter der russischen Luftstreitkräfte und zum Transport von Truppen und Ausrüstung auf Langstrecken bestimmt. Insbesondere werden von dem Flugzeug die Ausrüstung der motorisierten Schützen- und Luftlandelandedivisionen befördert, militärische Ausrüstung mit Besatzungen am Fallschirm abgesetzt und sperrige Güter, auch aus dem Bereich der Volkswirtschaft, transportiert.

Der Prototyp der An-124 absolvierte den Erstflug am 24. Dezember 1982, die Serienproduktion übernahmen die Herstellerwerke in Kiew und Uljanowsk. Üblich für militärische Transportflugzeuge fand auch beim Design der An-124 ein Schulterdeckertragwerk seine Anwendung. Es ist gepfeilt und besitzt ein relativ großes Streckungsverhältnis. Zwei Höhen- und eine Seitenflosse machen das Leitwerk aus, ein mehrrädriges robustes Fahrwerk erlaubt den Einsatz

Flugzeugkonstrukteur Oleg Konstantinowitsch Antonow (1906-1984) mit Modell der An-22.

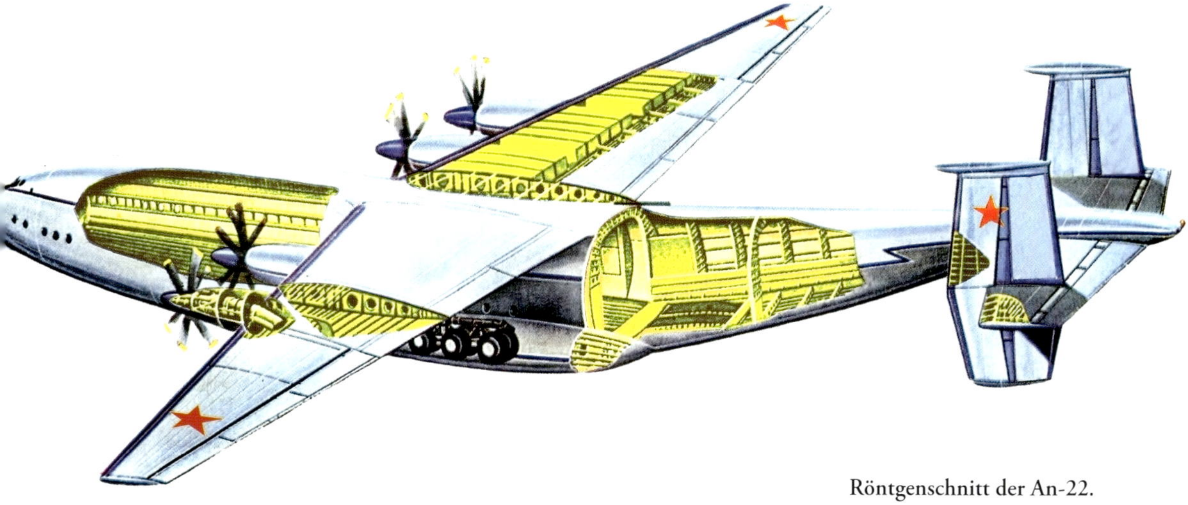

Röntgenschnitt der An-22.

von unvorbereiteten Pisten. Der Rumpf des Flugzeugs ist in zwei Decks unterteilt und im Interesse einer hohen Lebensdauer sowie eines möglichst geringen Wartungs- und Reparaturaufwands in eine Reihe von Druckkabinen unterteilt: einen Frachtraum zur Aufnahme von zu transportierenden Geräten und Gütern, ein oberes Vorderdeck zur Unterbringung der Haupt- und Ersatzmannschaften und deren Ausrüstung, ein oberes hinteres Deck zur Unterbringung von Personen, die Ausrüstung und Ladung begleiten. Durch das Vorhandensein einer vorderen und einer hinteren Ladeluke ist es möglich, die An-124 aus beiden Richtungen schnell zu be- und entladen. Der geschlossene Frachtraum (Länge 36,5 m, Breite 6,4 m, Höhe 4,4 m) ermöglicht den Transport von Gütern mit einem Gesamtgewicht von bis zu 120 Tonnen oder das Absetzen von Gütern mit einem Gesamtgewicht von bis zu 100 Tonnen auf mit Fallschirmen abgebremsten Plattformen. Das Laderaumvolumen übersteigt 1000 m^3, was zehn Eisenbahnwaggons entspricht. Der Laderaumboden aus Titanlegierung ermöglicht die Beladung aller Arten von selbstfahrenden und nicht selbstfahrenden Rad- und Kettenfahrzeugen mit einer Achslast von bis zu 12 Tonnen in einer Reihe oder kleineren Fahrzeugen bis zu 10 Tonnen in zwei Reihen. Die Frachtkabine ist mit Bordladekränen mit einer Gesamttragfähigkeit von 20 Tonnen und zwei mobilen Boden-Elektrowinden mit einer Zugkraft von jeweils bis zu 4,5 Tonnen ausgestattet. Die an den Flugzeugen verfügbare Rollenausrüstung ermöglicht das Be- und Entladen von einzelnen Gütern mit einem Gewicht von bis zu 50 Tonnen. Nach entsprechender Umrüstung des Laderaums bietet er Platz für 880 Soldaten mit voller Ausrüstung oder für insgesamt 440 Fallschirmjäger.

Den Antrieb der An-124 übernehmen vier Turbofans Lotarew D-18T mit einer Schubkraft von jeweils 229,5 kN. Neben der enormen Leistung zeichnen sich diese Triebwerke durch ein geringes Gewicht, einen geringen Kraftstoffverbrauch sowie einen niedrigen Geräuschpegel aus. Die maximale Kraftstoffzuladung beträgt 213.740 kg. Die An-124 kann eine Nutzlast von bis zu 150 Tonnen aufnehmen und kommt mit voller Zuladung auf eine Reichweite von 5000 km. Sie ist in der Lage, mit einer Reisegeschwindigkeit von 800 km/h zu fliegen. Gesteuert wird das Flugzeug mit einem automatischen Fly-by-wire-System, es verfügt zudem über einen Vierkanal-Hydraulikkomplex, eine hochzuverlässige Stromversorgung sowie Sauerstoffanlagen für die Besatzung. Insgesamt sind 34 Computer an den Flugzeugsteuerungssystemen beteiligt.

Selbstfahrlafetten mit operativ-taktischen Raketen haben eine An-22 über die Heckladerampe verlassen.

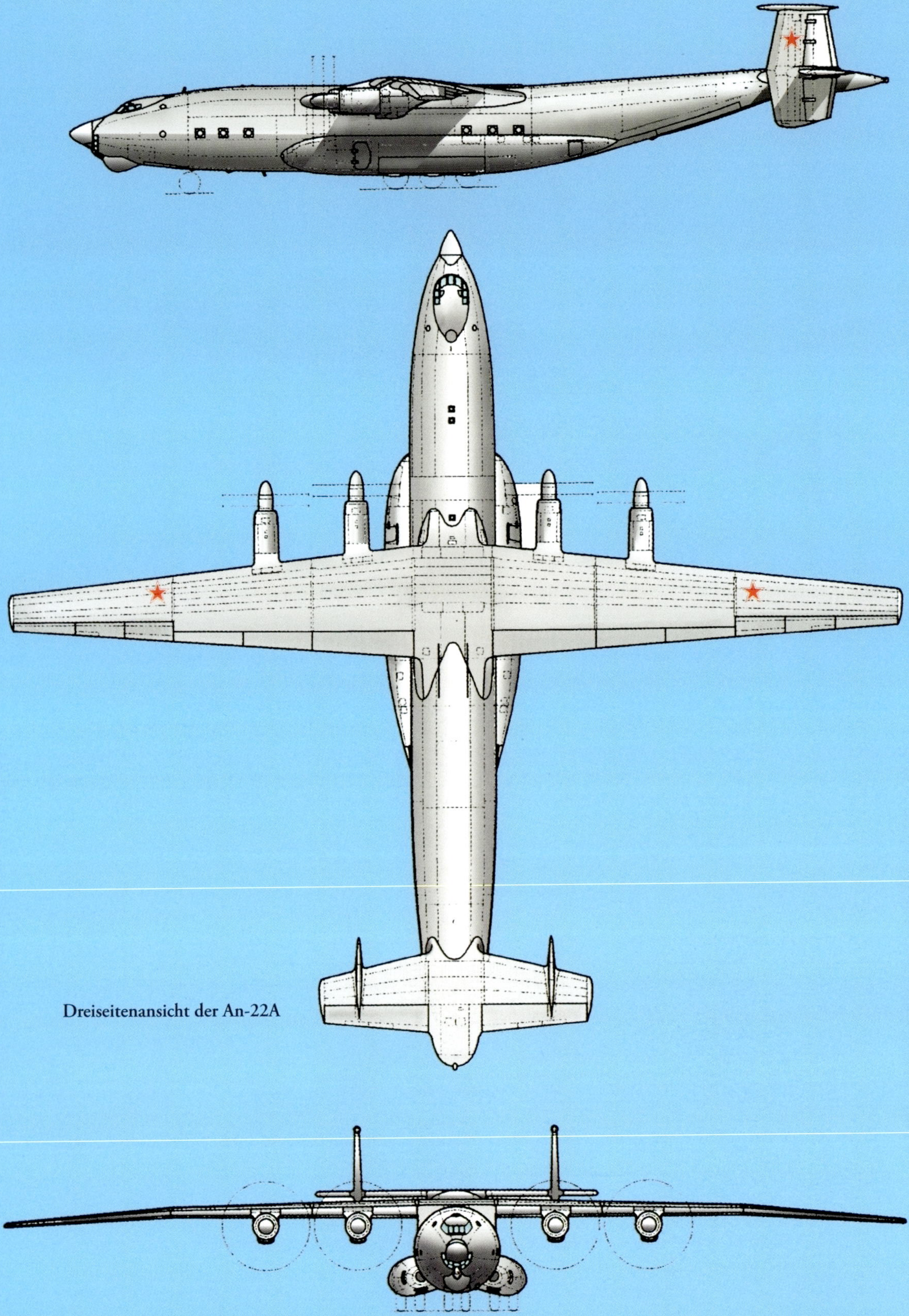

Dreiseitenansicht der An-22A

Transportflugzeug Antonow An-22

Eine An-124 in Begleitung zweier Su-27. (Foto: Sergej Kustov CC BY-SA 3.0)

Die gewaltige An-124 kann maximal 150 Tonnen Nutzlast aufnehmen, ihr Abfluggewicht beträgt dann bis zu 405.000 kg. (Foto: Russian MOD)

Die Navigationsunterstützung erfolgt durch das Flugnavigationssystem PNPK-124, den automatisierten Funkkommunikationskomplex TIP-15 und das Bordradar.

Im Rahmen der Operationen der russischen Luftstreitkräfte in Syrien werden militärische Transportflugzeuge aktiv eingesetzt. Im Rahmen der Vorbereitung der Infrastruktur des Luftwaffenstützpunkts Hmeimim in Syrien führten die Besatzungen von Il-76 und An-124 insgesamt 280 Einsätze durch und transportierten dabei 13.750 Tonnen Fracht. Anschließend lieferten Transportflugzeuge Tausende Tonnen militärischer Ausrüstung und humanitärer Hilfsgüter nach Syrien.

Ein wichtiger Bestandteil der russischen Luftstreitkräfte ist die Spezialluftfahrt. Sie übernimmt Überwachung und Kommunikation, die Koordination von Artilleriefeuer eigener und verbündeter Streitkräfte, die elektronische Kampfführung, das Betanken anderer Flugzeuge in der Luft sowie die Suche und Rettung von Flugzeugbesatzungen. Hierzu gehören Frühwarn- und Kontrollflugzeuge (AWACS), aktuell klassifiziert als Langstrecken-Radarerkennung und –lenkung (DRLON). Der einzige Typ eines solchen Flugzeugs in den russischen Luftstreitkräften ist momentan die A-50. Sie wurde entwickelt, um Luftziele und Überwasserschiffe zu erkennen und zu verfolgen, Kommandoposten automatisierter Kontrollsysteme der russischen Streitkräfte über die Luft- und Bodensituation zu informieren und gegebenenfalls zu alarmieren und es kann Jagd- und Angriffsflugzeuge zu ihren Einsätzen leiten. Bei Bedarf ist der Einsatz der A-50 als Luftgefechtsstand möglich.

Berijew A-50

Seitenansicht der A-50 im derzeit meist verwendeten Farbschema.

Ausgangsbasis der A-50 war das militärische Transportflugzeug Iljuschin Il-76, die Umkonstruktion für den speziellen Aufgabenbereich erfolgte durch das für Flugboote bekannte OKB Berijew. Der Erstflug der A-50 fand am 19. Dezember 1978 statt, die Produktion lief 1981 an. Die Luftstreitkräfte der UdSSR stellten das Flugzeug 1989 offiziell in Dienst, während die Produktion bzw. Umrüstung vom Herstellerwerk in Taganrog übernommen wurde. Insgesamt wurden etwa 40 Exemplare dieses Typs gebaut.

Die A-50 unterscheidet sich vom Transportflugzeug Il-76 vor allem durch das auf den Rumpf installierte luftgestützte Radar mit einem kreisförmigen Radom und einer rotierenden Antenne darunter. Die Antenne hat einen Durchmesser von 10,5 m und eine Höhe von 2,0 m. Der größte Teil des Rumpfrau-

Frühwarn- und Leitflugzeug Berijew A-50

mes wird von der Ausrüstung des leistungsstarken funktechnischen Komplexes „Schmel“ eingenommen, der in der Lage ist, tief fliegende Ziele mit kleiner Radarsignatur und auch vor dem Erdhintergrund zu erkennen. Dazu gehören Marschflugkörper und möglicherweise Flugzeuge mit „Tarnkappeneigenschaften“. Auf einer Patrouillenflughöhe von 8000 m kann die A-50 bis zu 50 Ziele gleichzeitig überwachen. Flugzeuge kann es auf bis zu 230 km Entfernung erfassen, größere Objekte wie Schiffe auf bis zu 400 km. Die A-50 hat keine Bewaffnung, aber sie ist mit Mitteln der funkelektronischen Kampfführung, mit Warnanlagen sowie mit Infrarot- und Radartäuschkörpern ausgestattet.

In den 1980er Jahren wurde die modernisierte A-50M als AWACS-Maschine entwickelt, das mit einem neuen Avionikkomplex "Schmel-2" bzw. "Schmel-M" ausgestattet und bei der die analoge Ausrüstung durch eine digitale ausgetauscht wurde. Mit „Schmel-M“ lassen sich 150 Ziele zur selben Zeit überwachen, die Erfassungsreichweite von Flugzeugen der Kategorie „Jagdflugzeug“ soll auf bis zu 400 km, im „look-down“-Modus sogar auf bis zu 600 km angestiegen sein. Insgesamt konnte die Signalverarbeitung und letztlich Effektivität erhöht werden, auch dank der modernisierten Arbeitsplätze der Radarbediener. Hier hielten universelle,

Vorstellung der neuen Berijew A-50U. (Foto: Mil.ru)

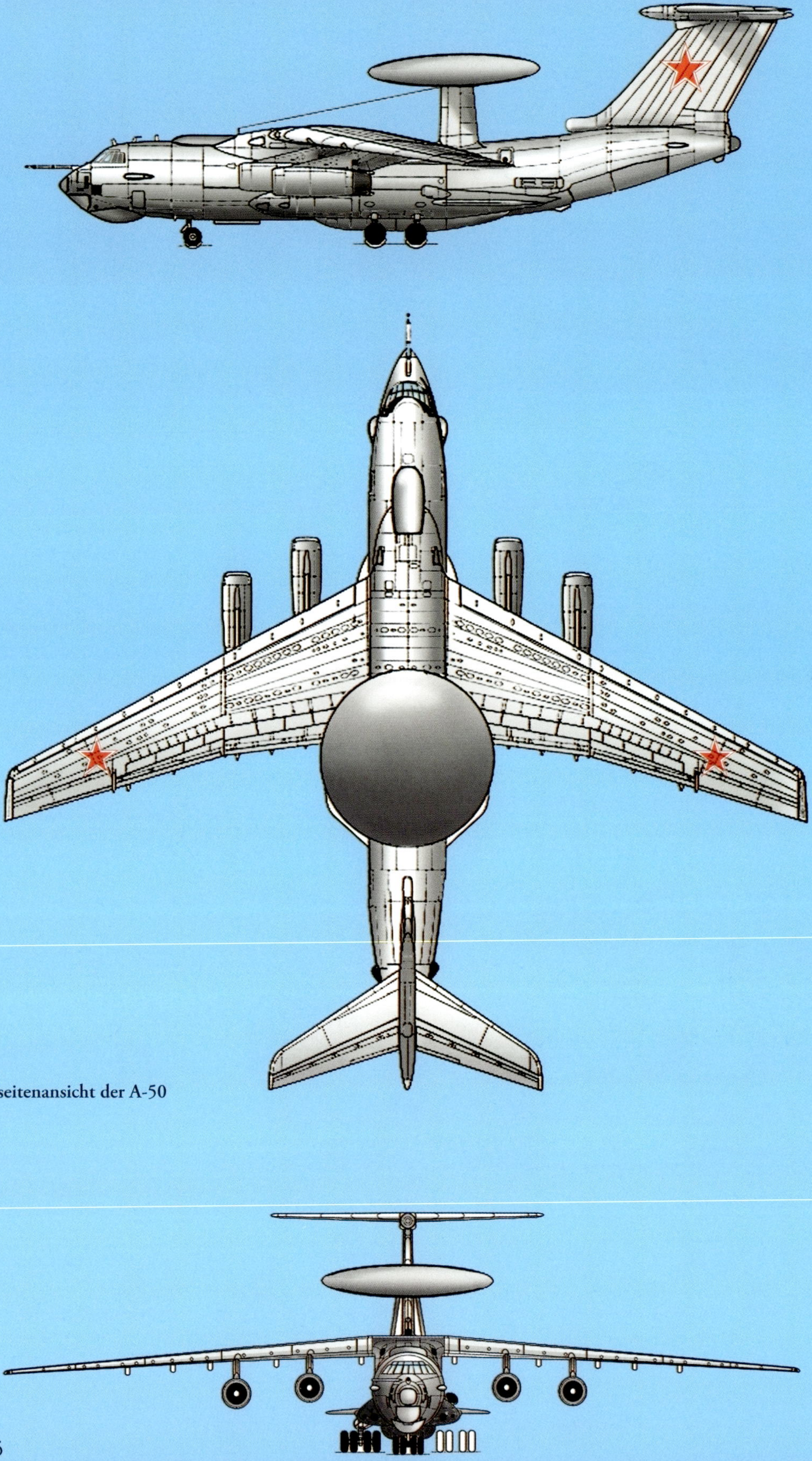

Dreiseitenansicht der A-50

Vorführung des neuen Frühwarn- und Kontrollflugzeugs A-50U. (Foto: Mil.ru)

Frühwarn- und Leitflugzeug Berijew A-100

digitale Displayanzeigen in großer Abmessung und Auflösung Einzug ins Inventar. Die Auslieferung der Umrüstflugzeuge A-50U begann ab Ende 2011, am 7. März 2017 wurde das dritte Exemplar dieses Typs den russischen Luftstreitkräften übergeben. Nach Möglichkeit sollen alle vorhandenen A-50 auf den Standard der A-50U gebracht werden, zum anderen befindet sich inzwischen die noch modernere A-100 „Premier" als weitere Ableitung und auf Basis der Il-76MD-90A in der Erprobung. Sie soll künftig zum AWACS-Haupteinsatzmuster werden und verfügt in der runden Radarverkleidung über eine rotierende Antenne mit aktiv gesteuerten Phasenschiebern (AESA-Prinzip).

Genaue Informationen über die Anzahl der bei den russischen Luftstreitkräften im Einsatz befindlichen Flugzeuge und Hubschrauber unterliegen nicht der Veröffentlichung in den offziellen Presseorganen. Der folgende Überblick über die Größe der russischen Flugzeug- und Helikopterflotten stützt sich daher im Wesentlichen auf Angaben der freien Enzyklopädie „Wikipedia" mit Stand 2017.

Übersicht über die bei den russischen Luftstreitkräften im Einsatz befindlichen Flugzeuge			
Flugzeugtyp	**Modifikation**	**Zahl für 2017**	**Hinweis**
		JAGDFLUGZEUGE	
Su-27	Su-27 Su-27SM2 Su-27SM3 Su-27UB	50 47 14 10	weitere 18 Su-27 / Su-27UB bei den Marinefliegerstreitkräften
Su-30	Su-30SM Su-30M2	70 20	weitere 17 Su-30SM bei den Marinefliegerstreitkräften
Su-35	Su-35S	mehr als 60	50 weitere Einheiten werden bis 2020 eintreffen
MiG-29	MiG-29S MiG-29SMT MiG-29M2 MiG-29UBT	224	weitere 18 MiG-29K und 4 MiG-29KUB bei den Marinefliegerstreitkräften
MiG-31	MiG-31 MiG-31BS MiG-31DZ MiG-31BM MiG-31BSM	150	weitere 32 MiG-31B, MiG-31BS und MiG-31BM bei den Marinefliegerstreitkräften
		FRONTBOMBER	
Su-24	Su-24M / M2	140	weitere 41 Su-24M und Su-24MR bei den Marinefliegerstreitkräften
Su-34	Su-34	102	bis 2020 wird die Anzahl der Su-34 auf 124 Einheiten erhöht
		SCHLACHTFLUGZEUGE	
Su-25	Su-25 Su-25SM / SM3 Su-25UB	80 100 15	weitere 5 Su-25UTG bei den Marinefliegerstreitkräften
		STRATEGISCHE BOMBER	
Tu-22M	Tu-22M3 Tu-22M3R	63	30 Tu-22M3 werden auf Tu-22M3M-Standard modernisiert
Tu-95	Tu-95MS Tu-95MSM	60	Tu-95MS-Flugzeuge werden auf Tu-95MSM-Standard modernisiert, um ihre Lebensdauer bis mindestens 2025 zu verlängern.
Tu-160	Tu-160 Tu-160M	11 5	Lieferung von 50 Tu-160M2 vorgesehen
		MILITÄRISCHE TRANSPORTFLUGZEUGE	
An-22	An-22A	2	
An-124	An-124	15	weitere 16 Flugzeuge eingelagert
IL-76	Il-76M Il-76MD	100	etwa 100 weitere eingelagert
An-12	An-12BK An-12PP	65	weitere 5 An-12PS und An-12BK bei den Marinefliegerstreitkräften
An-72	An-72 An-72P	25	weitere 6 An-72 bei den Marinefliegerstreitkräften
An-26	An-26 An-26D An-26KPA An-26M An-26Sh	115	weitere 27 An-26 bei den Marinefliegerstreitkräften
Il-18	Il-18	8	eine weitere IL-18D bei den Marinefliegerstreitkräften

Übersicht über die bei den russischen Luftstreitkräften im Einsatz befindlichen Flugzeuge			
Flugzeugtyp	**Modifikation**	**Zahl für 2017**	**Hinweis**
Tu-134	Tu-134	54	Weitere 10 Tu-134 bei den Marinefliegerstreitkräften
Il-62	Il-62	7	
Tu-154	Tu-154B-2 Tu-154M	18	2 weitere Tu-154M bei den Marinefliegerstreitkräften
An-148	An-148-100E	10	5 weitere Einheiten bestellt
L-410	L-410	27	
An-140	An-140-100	5	4 weitere bei den Marinefliegerstreitkräften, 5 zusätzliche Einheiten bestellt
SPEZIALFLUGZEUGE			
A-50	A-50 A-50U	15 4	Flugzeug DRLON Weitere 4 A-50 eingelagert
Il-78	Il-78 Il-78M	33	Tankflugzeug bis 2020 ist die Anschaffung von ca. 40 Il-78M-90A geplant
Il-20	Il-20M Il-22 Il-22M Il-22PP	15 5 12 3	Aufklärungsflugzeug 2 weitere Il-20MR und 2 Il-22M bei den Marinefliegerstreitkräften
Il-80	Il-80	4	Fliegender Kommandoposten
Tu-214R	Tu-214R Tu-214ON	2 2	Aufklärungsflugzeug
An-30	An-30B	8	Flugzeugüberwachung und Luftaufnahmen
TRAININGSFLUGZEUGE			
Jak-130	Jak-130	92	
L-39	L-39	150	4 weitere L-39 bei den Marinefliegerstreitkräften
Tu-134UB-L	Tu-134UB-L Tu-134UB-KM	33	
HEERESFLIEGERKRÄFTE			
Ka-50	Ka-50	12	
Ka-52	Ka-52	104	zwei Verträge sehen die Lieferung von insgesamt 179 Einheiten vor
Mi-24	Mi-24W Mi-24WP Mi-24P Mi-24PN	265	weitere 30 Mi-24 bei den Marinefliegerstreitkräften
Mi-35	Mi-35M Mi-35WM	Mehr als 60	
Mi-28	Mi-28N Mi-28UB	Mehr als 90	
Mi-8	Mi-8T Mi-8MT Mi-8MTV Mi-8AMT Mi-8AMTD	684	weitere 8 Mi-8, 4 Mi-8T, 4 Mi-8MT und 1 Mi-8 AMTShVA bei den Marinefliegerstreitkräften
Mi-26	Mi-26 Mi-26T	41	
Ka-226	Ka-226	Ungefähr 40	
Ansat	Ansat-U	Ungefähr 40	

Die oben genannten Informationen erlauben die Feststellung, dass die russischen Luftstreitkräfte in Bezug auf die Anzahl der Flugzeuge nach der US-Luftwaffe an zweiter Stelle stehen (wenn auch mit sehr großem Abstand). Es gibt jedoch eine Reihe von Faktoren, die die Kampfkraft der russischen Luftstreitkräfte mindern.

Zunächst einmal ist dies ein sehr respektables Alter der meisten russischen Flugzeuge. Viele von ihnen wurden während der Sowjetzeit gebaut, die heutzutage in Sachen technischer Zustand und Einsatzeffizienz als veraltet gelten. Mit der Umsetzung der staatlichen Rüstungsprogramme 2011-2020 verbinden Experten gewisse Hoffnungen auf die Modernisierung der russischen Flotte an Einsatzflugzeugen. Gemäß diesen Programmen sollen die russischen Luftstreitkräfte bis 2020 insgesamt 116 neue sowie 408 modernisierte Flugzeuge für die Frontfliegerkräfte sowie 34 neue und 159 modernisierte Flugzeuge für die Fernfliegerkräfte erhalten. Geplant ist weiterhin die Lieferung von 156 neuen sowie 372 modernisierten Kampfhubschraubern (die Gesamtzahl der ausgelieferten Hubschrauber soll auf 1000 Einheiten ansteigen). Damit wird sich der Anteil moderner Flugzeuge in den russischen Luftstreitkräften auf 70 % erhöhen. Gleichzeitig wird die Umsetzung des Programms das seit langem bestehende Problem der russischen Luftstreitkräfte – die bereits vorhandene Vielzahl von Flugzeugtypen - verschärfen. Während die westliche Luftwaffe überhaupt keine taktischen Bomber hat, werden die russischen Luftstreitkräfte mindestens vier Typen solcher Flugzeuge haben: Su-34, Su-24 modernisiert, Su-24M2 und Su-24M SWP-24. Die Anzahl der Jagdflugzeugtypen ist im Allgemeinen bemerkenswert. Die Heeresflieger verfügen über vier Arten von Kampfhubschraubern (Mi-24, Mi-35M, Mi-28 und Ka-52) sowie viele Modifikationen von Transport-, Transport-Angriffs- und Mehrzweckhubschraubern. Vielleicht trägt eine solche Vielzahl von Typen und Modifikationen von Flugzeugen dazu bei, die russische Luftfahrtindustrie "über Wasser" zu halten, aber in den Luftregimentern verursacht die Vielzahl der Typen viele Probleme. Dazu gehören Schwierigkeiten, diese Flugzeuge bei Bedarf mit Ersatzteilen und neuen Baugruppen zu versorgen sowie das Servicepersonal auf jeden spezifischen Flugzeugtyp und seine Modifikationen zu schulen. Und dies vor dem Hintergrund eines ge-

Su-27 der russischen Luftstreitkräfte. (Foto: Sukhoi)

wissen Personalmangels durch die Schließung vieler Ausbildungsstätten der Luftstreitkräfte!

Die unzureichende Versorgung der russischen Luftfahrt mit modernen Waffen gibt Anlass zur Sorge was vor allem auf die Serienproduktion folgender Haupttypen von Flugzeugwaffen wie:

- Luft-Luft-Raketen mit aktiver Radarlenkung;
- Lenkbomben mit Satellitengestützter Zielerkennung;
- operative taktische hochpräzise Marschflugkörper;
- unbemannte Luftfahrzeuge angeht.

In diesem Zusammenhang verbinden die Militärs gewisse Hoffnungen mit der Modernisierung des Arsenals der russischen Luftstreitkräfte durch die Erklärung des Verteidigungsministers der Russischen Föderation Sergej K. Shoigu, dass während der Feindseligkeiten in Syrien 160 Muster moderner Waffensysteme (einschließlich der Luftfahrt) getestet wurden, die ihre Zuverlässigkeit und Wirksamkeit bewiesen haben. Medienberichten zufolge hatten Ende 2016 ganze 84 % des Flugpersonals der russischen Luft- und Raumfahrtstreitkräfte Kampferfahrungen in Syrien gesammelt.

Andererseits haben die Kämpfe in Syrien einmal mehr gezeigt, dass die Fähigkeiten der russischen Luftstreitkräfte durch die viel zu geringe Zahl an Tankflugzeugen deutlich eingeschränkt sind.

Im Vergleich zu 240 Tankflugzeugen der US-Luftwaffe (500 einschließlich den Maschinen bei Nationalgarde und Reserve) verfügen die russischen Luftstreitkräfte nur über 33 solcher Flugzeuge. Und dies trotz der Tatsache, dass Betankungen in der Luft die Möglichkeit eröffnen, Kräfte schnell zu gruppieren und an jedem Punkt der Welt einen massiven Angriff auszuführen. Die Langstreckenluftfahrt erhält beim Einsatz von Tankflugzeugen die Möglichkeit, lange Zeit über jede Region der Erde zu patrouillieren, während die Militärische Transportluftfahrt die Möglichkeit erhält, eine Luftbrücke für den Notfalltransport von Truppen in eine andere, möglicherweise weit entlegene Region zu schaffen.

Die Liste der Defizite innerhalb der russischen Luftfahrt könnte fortgesetzt werden, aber sie ist dennoch eine mächtige Streitmacht, die das Land zuverlässig vor möglichen Bedrohungen schützen kann.

"MiG-29-Formationsflug"
(Foto: Artern Katranzki
CC RY-SA 2.0)